U0192003

四川省委党校精品文库

马克思现实自由思想的缘起探究
——基于"中学作文"至《神圣家族》文本研究

MAKESI XIANSHI ZIYOU SIXIANG DE YUANQI TANJIU

JIYU "ZHONGXUE ZUOWEN" ZHI 〈SHENSHENG JIAZU〉 WENBEN YANJIU

朱 凯 著

西南财经大学出版社
Southwestern University of Finance & Economics Press

中国·成都

图书在版编目(CIP)数据

马克思现实自由思想的缘起探究:基于"中学作文"至《神圣家族》文本研究/
朱凯著.一成都:西南财经大学出版社,2019.12
ISBN 978-7-5504-3383-0

Ⅰ.①马…　Ⅱ.①朱…　Ⅲ.①马克思主义—自由—理论研究
Ⅳ.①A811.64

中国版本图书馆 CIP 数据核字(2019)第 001722 号

马克思现实自由思想的缘起探究——基于"中学作文"至《神圣家族》文本研究
朱凯 著

策划编辑:何春梅
责任编辑:周晓琬
封面设计:何东琳设计工作室
责任印制:朱曼丽

出版发行	西南财经大学出版社(四川省成都市光华村街55号)
网　　址	http://www.bookcj.com
电子邮件	bookcj@ foxmail.com
邮政编码	610074
电　　话	028-87353785
照　　排	四川胜翔数码印务设计有限公司
印　　刷	郫县犀浦印刷厂
成品尺寸	170mm×240mm
印　　张	11.5
字　　数	199 千字
版　　次	2019 年 12 月第 1 版
印　　次	2019 年 12 月第 1 次印刷
书　　号	ISBN 978-7-5504-3383-0
定　　价	72.00 元

前　言

生命诚可贵，爱情价更高，若为自由故，两者皆可抛。人类从诞生之日起，就不自觉地为自由努力着、奋斗着。对人类的历史演进稍有了解的人都知道，不论是在人与物之间的关系层面，还是人与人之间的关系层面，自由始终是一个人类为之奋斗的终极课题。我们会看到远古人类学会了用工具，尤其是火，来应对大自然带来的不确定性；会看到不同阶级社会中的剥削阶级为一己私利无情地置被压迫、被剥削的阶级于不顾，更有甚者，置国家民族利益和前途于不顾；也会看到为了改变自身的被奴役地位，被压迫者展开了激烈的反抗；会看到生产力的每一次质的飞跃，以及其对整个社会结构的变革作用，尤其是对人类思想精神境界不断进步的决定性作用，使人类离"认识自己"愈来愈近，对自由的追求愈加自觉和科学。因此，整个人类历史进程为我们所展示的是一条清晰的路径：人对自由的理解和追求由不自觉走向自觉，由迷茫走向科学，由少数人的自由走向全人类的自由。

之所以能有这样质的飞跃，是因为人类历史走到近代资本主义时期，尤其是从工业革命开始，生产力得到了井喷式的解放和发展，科学技术突飞猛进，如同变魔术一般让世界焕然一新，这为社会科学的发展提供了丰富而坚实的物质基础，人类对于自身的认识愈来愈趋向理性化、科学化，直到诞生了马克思主义。到此，人类把握住了社会发展的规律，把握住了社会发展的脉搏，不仅能够想象未来社会，而且能够科学判断未来社会并为之奋斗，这首先要归功于马克思主义的重要创立者——马克思。他穷尽毕生心血提出了两大历史性发现：历史唯物主义和剩余价值规律。基于此，人类对未来的美好社会形态——共产主义社会做了科学判断，明确了人类社会的历史前进方向，指明了人的自由终将是全面自由。试想，这一点，如果放在原始社会、奴隶社会、封建社会，人们是根本不可能做到的，原始社会的人无法想象未来会出现奴隶社会，奴隶社会的人无法想象未来会出现封建社会，封建社会的人无法想象未来会出现资本主义社会。如果把这个观点推向极端，那么，原始社会的人更无法想象到，科技水平会发展到今天这般惊天动地的地步，人类会使用上手机，会用微信支付账单，会在微信朋友圈中发一个美图自拍照，更不要说，会想象到未来会出现资本主义社会，甚至共产主义社会。

因此，马克思的这两大历史性发现对于整个人类历史具有里程碑式的重大意义，使人类对自身、对自由的认识和理解具有了科学性和自觉性。读马克思的著作会发现，马克思批判资本主义社会，认为共产主义必然代替资本主义，不是因为资本主义有剥削、有不公平非正义、有不道德的社会现象，或者说，他不是从道德伦理的角度来论证共产主义必然代替资本主义，而是因为牢牢抓住了资本主义社会所固有的不以人的意志为转移的物质因素，即自身无法克服的根本矛盾——"生产社会化和生产资料私有制之间的矛盾"。由于这一根本矛盾的不断运动发展，一方面，资本主义社会始终被一系列棘手的社会问题深深地困扰着，诸如阶级对立、贫富差距、经济危机等；另一方面，不断进步的社会化生产力始终冲击着已不合身的"外衣"——生产资料私有制，使作为旧的社会形态的资本主义社会不断孕育着新的社会形态——社会主义的胚胎，并为共产主义的到来奠定坚实的物质基础。

　　本书的目的就是探究马克思是如何走上这条道路，或者说，探究马克思在把握人类社会发展规律并据此确立为人的全面自由而奋斗的信念之前走过了怎样的心路历程，进而帮助人们更好地走近马克思、走近马克思主义，牢固树立共产主义信仰，从历史发展趋势的视野正确地看待当下，正确地生活、工作。

朱　凯

2018 年 9 月 20 日

目　录

马
克
思
现
实
自
由
思
想
的
缘
起
探
究

绪　论

一、研究马克思思想的切入点即现实自由

当我们回顾人类自身文明发展进程时，面对思想巨人，常常会对之由衷地叹服和敬仰，这种叹服和敬仰不仅源于思想巨人卓绝超群的才华，更源于思想巨人凭其才华对于人类文明做出了巨大贡献；或者说，对于人类文明这块土地的辛勤耕耘而结出的沉甸甸的甘甜果实。出生犹太家庭的卡尔·马克思就是这样一位思想巨人。他为人类文明所做出的贡献，或者说他之所以伟大，不仅在于其思想，即创立了历史唯物主义和剩余价值理论，从而使社会主义由空想变成科学，为人类文明进程指明了方向；还在于他的思想背后所体现的人文情怀，即人在资本主义社会中所经受的苦难以及消除苦难而获取现实自由之路的终极关怀。也就是说，对于人的全面而自由的发展的现实可能性的不懈追求和探索。"代替那存在着阶级和阶级对立的资产阶级旧社会的，将是这样一个联合体，在那里，每个人的自由发展是一切人的自由发展的条件。"① 这是马克思和恩格斯在《共产党宣言》中对于以人的全面而自由的发展为根本原则的未来社会的经典描述。这种自由既区别于青年黑格尔派所推崇的虚幻的"自我意识自由"，又区别于资本主义社会所宣扬的虚幻的"人权自由"。它克服了资本主义社会的异化劳动和私有制，真正地实现了人与自然、人与社会、人与自身相统一的现实自由即"人的解放"。纵观马克思的一生，探寻人的全面而自由的发展的现实可能性，即观照人的现实自由之路是马克思毕生孜孜以求地研究社会现实和著书立说的核心思想和根本宗旨，这是贯穿他的具体概念、基本理论和思想体系的红线。

---

① 马克思恩格斯文集：第 2 卷 ［M］. 北京：人民出版社，2009：53.

当前，对于马克思自由思想的研究，国内外学者研究视角呈现多元化、多样化的特征。有的学者以马克思具体文本所蕴含的自由思想为研究对象；有的学者研究马克思自由思想的某一方面；有的学者基于人的解放的角度来阐述马克思自由思想；有的从哲学角度研究马克思自由思想；等等。这些学者对于马克思自由思想的探讨和研究可以说取得了较为丰硕的理论成果，为人们更真切、更真实、更深度地理解马克思本人及其思想提供了颇有价值的视角，丰富了马克思主义理论。然而，对于马克思自由观的研究道路并未就此终结，仍有不尽如人意的地方：第一，学者们往往将自由思想作为马克思整个思想体系中的一个组成部分，而未能认识到自由是贯穿马克思整个思想体系中的红线和价值追求。第二，学者们对于马克思自由观的研究立足于某部著作或某一方面，缺乏对马克思自由观整体性的研究，难免以偏概全，因而不够系统和完整。第三，学者们对于马克思自由观的系统性的、宏观性的探讨和研究往往限于一般性的、概括性的阐述，文本依据上明显不足，未能厘清马克思不同时期的著作所阐发的自由思想在背景、目的上的差异以及相互之间的逻辑演变进程，难免限于马克思著作中的只言片语、甚至断章取义，因而在说服力上稍显薄弱。第四，学者们在马克思走上观照人的现实自由之路的时间节点和主客观因素的把握上较为笼统和模糊，尤其是在阐述马克思自由思想的发展历程时往往忽略了《神圣家族》承前启后的重要作用，要么对其一笔带过，要么干脆就将其当作不重要的著作而不提，导致对马克思整个自由思想发展历程缺乏较为清晰全面的认识，一定程度地弱化了对马克思本人及其自由思想的本真面目的理解和认知。因此，笔者以前人的不足作为切入点，尝试在前人的学术成果的基础上做进一步的探讨和研究。

对于马克思这样著作等身的思想巨人，我们作为后来者，要在思想上走近他，要深刻理解和把握其思想内核，要打开其思想宝库，有两个问题无法回避：一是以什么作为理解马克思丰富思想的切入点，二是这个切入点在其思想发展历程中缘起于何处。解决了这两个问题，一定意义上，我们就找到了打开马克思留给我们的思想宝库的钥匙。因此，探究马克思观照人的现实自由之路的思想形成历程；或者说，厘清马克思走上观照人的现实自由之路的时间节点就成了我们研究马克思思想的起点和动因。马克思曾对于自己的思想发展历程自述：在《莱茵报》期间所遇到的对物质利益和共产主义发表意见的难事是触发他由纯政治研究转向经济研究，进而转向共产主义的最初动因。实质上，因为共产主义的本质和价值追求就是人的全面而自由的发展，所以马克思关于自己这一思想历程的自述一定意义上也表明了推动他走上观照人的现实自由之路的最初动因；或者说，表明了他自身关于自由思想的内在质变的发展历程。因此，以观照人的现实自由之路作为理解马克思思想的切入点，通过对马克思从"中学作文"至《神圣家族》这一阶段的重要文本的细致梳理，力求以追本溯源的方式厘清马克思自由思想转变历程中的具体的"时间节点"，尤其精确定位他正式确立观照人的现实自由之路这一目标的"时间节点"，以期能够正确把握马克思走上以观照人的现实自由之路为目标的道路的心路历程，并在此基础上能够为全面且清晰地认识马克思本人及其观照人的现实自由之路的整个思想发展历程提供一扇有益的窗口。具体而言，研究意义，可以至少表现为以下两个方面。

首先，以观照人的现实自由之路作为理解马克思思想的切入点，厘清马克思走上观照人的现实自由之路的时间节点，既是马克思文本研究的必然选择，也是推进以文本研究作为前提和基础的马克思主义理论研究的必然要求。一方面，探求人的全面自由发展即观照人的现实自由之路不仅是贯穿马克思思想理论的红线和主题，也是马克思主义理论的中心思想和价值目标。但是，在以马克思主义理论为指导的社会主义国家中，由于特殊的历史原因，在过往的一定时期内，观照人的现实自由之路这一核心思想往往被阶级矛盾、无产阶级革命、社会基本矛盾等马克思主义理论中的具体命题所遮蔽，致使对于马克思思想以及马克思主义理论的理解和应用上一定程度地出现了孤立化、片面化、简单化甚至工具化，而忽视了其中所蕴含的深厚的人道主义和人文情怀。时至今日，这种片面理解依然一定程度地存在着，具体表现为将对马克思自由观的研究等同于对"自由化"的鼓吹，这一切无疑阻碍了对于马克思思想体系以及马克思主义理论体系的思想精髓和精神实质的正确理解和把握。因此，以观照人的现实自由之路作为理解马克思思想的切入点，既有助于整体把握马克思思想体系，又有助于整体推进马克思主义理论研究和创新。另一方面，厘清马克思走上观照人的现实自由之路的时间节点，有利于对马克思现实自由思想的发展历程获得一个清晰且全面的认识。以往对于马克思自由思想的研究，尽管具有一定的整体性和系统性，然而缺乏对其自由思想转变历程中的具体的时间节点给予足够的关注和清晰的界定，致使在马克思自由思想发展历程的整体研究上存在一定程度的模糊性和偏差，这种模糊性也一定程度地影响了对马克思思

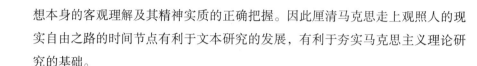

想本身的客观理解及其精神实质的正确把握。因此厘清马克思走上观照人的现实自由之路的时间节点有利于文本研究的发展，有利于夯实马克思主义理论研究的基础。

其次，以观照人的现实自由之路作为理解马克思思想的切入点，有利于人们坚定共产主义信念。自马克思主义诞生以来，无论是在资本主义社会还是社会主义阵营，始终面临生存和发展的挑战。在资本主义社会，西方资产阶级认为马克思主义所追求的共产主义是一种否定个人自由的、具有独裁极权性质的法西斯主义，而且共产主义所言的全面自由是一种没有任何限制的、虚伪缥缈的、毫无内容的绝对自由，因此共产主义是一种不可能实现的乌托邦。尤其是从 20 世纪 80 年代以来，在东欧社会主义国家剧变以及苏联解体的同时资本主义社会却稳定发展的时候，马克思主义和社会主义在国际上遭到了前所未有的挫折，一时间"社会主义失败""历史已经终结"等非难性的言论在国际上此起彼伏。因此，有必要以观照人的现实自由之路作为理解马克思思想乃至马克思主义理论的切入点。必须明确的是，失败的只是苏联模式的"社会主义"而不是马克思主义和共产主义本身，后者依然具有鲜活的生命力和广阔前景。因为，共产主义所言的自由是无产阶级所实现的"人的解放"意义下的"全面自由"，它是对资本主义私有制和异化劳动以及与之相适应的资产阶级所实现的"政治解放"意义下的"人权自由"的克服和超越的历史必然结果；而且苏联模式的"社会主义"的失败并不能证明资本主义是人类社会发展的最终形态，因为它自身依然存在着无法克服的社会基本矛盾及其所导致的社会弊病。此外，当我们惊喜人类文明所取得的辉煌成就时，也不得不承认我们的时代还面临若干需要全面深化改革的问题。我们发现，共产主义似乎在一些人心中渐行渐远，甚至连"共产主义"这个词语也不像以往那样常挂在人们的嘴边。当我们静下心来认真研读马克思的文本，就会发现马克思所追求的现实自由包含的重要内容之一就是对弱势群体即无产阶级的人文关怀，为无产阶级的公平正义而呐喊和奋斗。因此，马克思所追求的共产主义及其所带来的现实自由是对无产阶级、对劳苦大众而言是最有利的，是最应该学习和理解的，是最应该用之维护自身利益和提高自身素质的学说和指南，因而也是最应该向往和为之奋斗的，而非受外在的干扰时记时忘。因此，以观照人的现实自由之路作为理解马克思思想的切入点，不仅有利于我们认清资本主义社会所宣扬的自由主义及其对马克思主义的非难的本质，更有利于劳动大众、普通百姓客观地认识、认同马克思的学说，从而更加坚定共产主义信仰，为自身利益和幸福而进行合法的奋斗。

二、研究马克思现实自由思想的方法和思路

马克思文本研究是走近马克思的唯一途径，别无他法，这不仅体现了马克思思想理论研究的历史唯物主义精神，而且是深化和推进马克思主义理论研究的前提和基础。文本研究的宗旨在于通过对马克思的重要文本进行深入全面的研究来还原马克思思想的真实面目，并提炼其中所蕴含的思想精髓和精神实质。要实现文本研究的宗旨就应在马克思文本研究的过程中坚持正确的研究方法即历史唯物主义方法，只有坚持这一正确的研究方法，才能够以联系的、全面的，而非孤立的、片面的视野来看待马克思的具体观点、基本思想和理论体系，从而真正地理解和掌握马克思思想的丰富内容和精神实质；并在这一基础上以期能够秉承马克思思想所体现的理论与现实相统一的实践精神，为现实提供有益的理论指导。在马克思文本研究过程中坚持历史唯物主义方法应具体做到坚持历史与逻辑的统一、分析与综合的统一。

首先，坚持历史与逻辑的统一。正如恩格斯所言："历史从哪里开始，思想进程也应当从哪里开始，而思想进程的进一步发展不过是历史过程在抽象的、理论上前后一贯的形式上的反映；这种反映是经过修正的，然而是按照现实的历史过程本身的规律修正的。"① 因此，在探究马克思如何走上以观照人的现实自由之路为目标的道路的过程中，应始终坚持历史与逻辑的统一，即沿着马克思生活经历的发展轨迹，立足于文本研究，厘清马克思在对于自由本身及其实现方式的理解上所发生的变化的时间节点，从而在整体上以理论再现的形式揭示马克思确立观照人的现实自由之路这一目标的思想历程。

其次，坚持分析与综合的统一。坚持分析与综合相统一的方法主要是针对本书的研究范围所涉及的马克思的具体文本。由于研读的文本主要是经外文翻译后的中文版本，其在内容上不免存在着与外文原版的一定差异性，再加上马克思的文本中存在着多言一意、一言多意、言不尽意，甚至无言有意的现象，因此必须在理解文本原意的基础，正确把握其所蕴含的思想精髓和精神实质，实现文本原意与思想精髓的统一。这就要求研读马克思的具体文本时，必须正确分析和总结文本中所阐述的具体观点，厘清具体观点之间的联系，把握整个

---

① 马克思恩格斯文集：第 2 卷［M］. 北京：人民出版社，2009：603.

文本的思想脉络和中心思想，尤其是把握文本背后所蕴含的观照人的自由的人文情怀，从而明确具体文本在马克思观照人的现实自由之路的思想历程中的历史地位和意义。

正是基于历史与逻辑相统一、分析与综合相统一的研究方法，以观照人的现实自由之路作为理解马克思思想的切入点，通过对马克思从"中学作文"至《神圣家族》这一阶段的重要文本的细致梳理，来探究马克思走上以观照人的现实自由之路为目标的道路的心路历程，从而形成了本书的四个章节内容。第一章主要阐述了马克思从少年阶段确立追求自由的理想到大学阶段确立"在定在中获取精神自由"的原则的思想发展历程，因此该章是本书研究马克思现实自由观的历史的逻辑起点，它由自由思想的孕育、精神自由思想的确立、在定在中获取自我意识自由三个部分构成。第二章主要阐述了马克思在《莱茵报》从事新闻事业的社会实践活动过程中社会现实引起他质疑原所确立的追求精神自由的原则并初步意识到追求人的现实自由才是应所确立的原则的思想发展历程，这一阶段就马克思整个思想历程而言可以概括为精神自由与现实自由的碰撞。因此，该章主要论述了马克思由精神自由转向现实自由的思想历程，由对于"自由人"团体的反叛、以自由理性为旗帜批判政治现实以及物质利益、官僚等级制和共产主义对自由理性的冲击三个部分构成。第三章主要阐述了马克思在退出新闻事业的社会实践活动而回归"书房"之后，为了考察人的现实自由之路的现实可能性，通过对市民社会与国家的关系、政治解放与人的解放的关系、无产阶级的历史使命、异化劳动和私有制、共产主义等社会现实问题的研究，得出了无产阶级是人获得现实自由的历史承担者、共产主义是人获得现实自由的必由之路等具有历史唯物主义性质的重要结论，从而最终抛弃了"在定在中获取精神自由"的原则及其实现方式理论批判，而明确了"在定在中获取现实自由"的原则及其实现方式实践批判。因此，该章主要论述了马克思的现实自由思想的形成历程，它由现实自由的尘世入口、现实自由的历史承担者、现实自由的必由之路三个部分构成。第四章主要论述了马克思在经历了现实自由思想的形成阶段之后，急需一个"契机"来作为正式确立观照人的现实自由之路这一目标的初步宣言，而这个历史任务则是由他和恩格斯合著的第一部、公开发表的著作《神圣家族》完成的。在该著作中马克思以总结的、概述的形式回顾并发展了之前的思想成果，即较为系统地批判了思辨唯心主义哲学并阐明了关于人的现实自由之路的具有唯物史观特质的思想内容。因此，本章主要论述了《神圣家族》作为马克思正式确立观照人的现实自由之路这一目标的初步宣言的原因及其思想内容，它由文本成书经历和内在批判逻辑凸显了其历史地位、破除思辨唯心主义对于人追求现实自由的思想禁锢、在定在中获取现实自由三个部分构成。

三、研究马克思现实自由思想缘起的重点

（一）探究马克思如何走上以观照人的现实自由之路为目标的道路

马克思年少时由于自身的犹太血统使他从小就有社会边缘人的感触，在与燕妮的婚姻问题中，这种身份一定程度上也扮演了阻碍因素，因而马克思对于社会有着一种难以消除的疏离感，再加上他从小就受到了来自父亲和学校的资产阶级自由主义的熏陶，因此年少时的马克思便确立了对于社会的批判精神，以及毫不妥协的反对压迫、为人类谋取整体福利的自由主义精神，这可以从马克思的中学生活以及毕业作文中获悉。但是年少时的马克思对自由的理解还是模糊的，对通过何种方式来获取自由还是不明确的，总体上充满了理想主义色彩。

到了大学阶段，由于受青年黑格尔派的影响，马克思研习黑格尔哲学，此时的他对自由的理解也在不断加深和明确，最终将自由理解为"自我意识"的自由，并通过博士论文的写作作为确立追求自我意识自由的宣言。这种自由主要是指人不应受定在的干扰从而保持精神的独立性和自由，而且定在应符合人的精神自由的需要，否则就应受到无情的理论批判，也就是说实然应该符合应然。重要的是，同青年黑格尔派完全绝缘于或完全否定现实和定在以获取自我意识自由的方式不同，马克思讲求的是在定在中获取精神自由，所以他提出了哲学世界化和世界哲学化的观点，而且将这种"在定在中获取自由"的原则贯彻了一生，尽管后期他对于自由本身及其获取方法的理解上有了质的变化。因此，此时马克思以"自我意识"自由为原则的精神自由作为对自由本身的理解，而获取这种自由的方式则在于理论批判，例如，通过宗教批判来使现实事物符合精神自由的本性，从而使人在定在中获得精神自由。因此，在大学期间确立了"在定在中获取精神自由"的原则之后，便带着这种原则踏入了他的社会实践的第一站，即《莱茵报》。

马克思在新闻工作期间，一方面对社会经济因素尤其是物质利益的接触，另一方面对共产主义和工人阶级的接触，他在实然与应然的对立中开始产生苦

恼，初步意识到以精神自由为武器对实物世界进行理论批判并不能改变人尤其是劳动大众在世俗生活中不公的甚至悲惨的境遇，故而开始反思自己信奉的黑格尔哲学、自我意识自由的合理性及其对人的自由实现进程的指导性价值，在对自由本身及其实现方式的理解上开始有了质的转变。这一转变过程是在马克思离开新闻事业退回书房思考现实问题并写作《黑格尔法哲学批判》《论犹太人问题》《〈黑格尔法哲学批判〉导言》《1844年经济学哲学手稿》等著作来完成的。最终，马克思抛弃了"在定在中获取精神自由"的原则以及实现这一原则的理论批判的方式，确立了"在定在中获取现实自由"的原则以及实现这一原则的实践批判的方式。在这些著作中，马克思从市民社会与国家、政治解放与人的解放、无产阶级的历史使命、异化劳动和私有制、共产主义等一个个现实问题着手探寻人获取现实自由的可能性。在这个探索的过程中，马克思坚持了作为科学世界观和方法论的历史唯物主义，明确了人是具体的，而人的自由及其获取的过程必须是现实的。为了表达这种关于自由的新观点，马克思与恩格斯首次合作写就并出版了《神圣家族》，他们在批判以鲍威尔为代表的青年黑格尔派的思辨唯心主义自由观的基础上，初步阐明了观照人的现实自由之路的历史唯物主义。因此，《神圣家族》成了马克思和恩格斯正式确立追求人的现实自由的目标的初步宣言，之后他们便将这一伟大目标贯彻了一生。

　　总而言之，马克思走上观照人的现实自由之路的道路的历史和逻辑路径是：自由—精神自由—精神自由与现实自由的碰撞—现实自由。在《神圣家族》之后，马克思围绕着观照人的现实自由之路这一目标，先后创作了《关于费尔巴哈的提纲》《德意志意识形态》《共产党宣言》《经济学手稿（1857—1858年）》《资本论》等重要文本，创立了历史唯物主义和剩余价值理论，使社会主义由空想变成了科学，从而使关于人的现实自由之路的思想具有了科学性。因此本书的目的之一就是通过文本分析从细节上探寻马克思是如何走上了观照人的现实自由之路的道路的。

　　（二）恢复《神圣家族》作为探寻人的现实自由之路的初步宣言的历史地位

　　在马克思主义研究史上，《神圣家族》作为马克思和恩格斯合著的第一部著作，因其思想内容相比马克思后期的诸如《德意志意识形态》《共产党宣言》《资本论》等思想成熟的著作而言并不是一部成熟的论述历史唯物主义的著作，而往往不被研究者们所重视，仅仅将其定性为批判青年黑格尔派的思辨哲学的、具有唯物史观特质的论战性作品。因此，以往对于该著作的探讨和研究往往局限于简单论述其中所包含的诸如异化问题、思辨结构的秘密、人权的虚妄性、旧唯物主义与共产主义的关系等具体的历史唯物主义观点，而忽视了该著作所蕴含的核心思想及其在马克思思想发展历程中的重要的历史地位。

首先，观照人的现实自由之路是《神圣家族》的核心思想和根本目标。资本主义社会的物的世界的增值与人的世界的贬值成正比的残酷现实，促使马克思意识到青年黑格尔派所推崇的自我意识自由仅仅是一种对于解决现实问题毫无现实帮助的虚幻自由，因为人是具体的现实的，其自由必然是现实自由，而其获取现实自由的方式也必然是实践的。因此，通过对于《神圣家族》的细心研读，不难发现，对于无产阶级乃至全人类解放即人的现实自由之路的观照是马克思写作该著作的根本目标和前提，而其中所蕴含的异化问题、人权的虚伪性等具有历史唯物主义性质的具体的思想内容只是围绕观照人的现实自由之路这一根本宗旨而展开和论证的。或者说，只是围绕着探究人在资本主义社会中获取现实自由的现实可能性这一目标而展开和论证的，因此对于人的现实自由之路的观照是贯穿全文始终的红线。本书的第四章则重在以理性和逻辑为原则，通过梳理和提炼《神圣家族》所内含的具有唯物史观特质的具体的思想内容，来拼接和还原作者在该著作中所隐现的关于人的现实自由之路的思想链条，从而凸显该著作的核心思想和根本目的即关于人的现实自由之路的观照。

其次，《神圣家族》是马克思观照人的现实自由之路的初步宣言。纵观马克思一生的思想发展历程，观照人的现实自由之路是马克思勤勤恳恳地探讨和研究社会现实问题以及笔耕不辍的动力和目标。因此，马克思的思想发展历程在逻辑上就构成了一个以观照人的现实自由之路为核心思想的唯物辩证的思想体系，即"他的思想发展是一个'自己弄清问题'（用他自己的话说）的过程，所以，既不能分裂成几个时期，也不能看成一个没有变化的整体"①，而这个思想体系是由他毕生所写就的一部部重要著作作为特定环节而构成的，《神圣家族》就属于其中之一。该著作作为马克思和恩格斯二人首次合著且公开出版的重要著作，就观照人的现实自由之路之一目的而言，它具有"正式确立"的意义，而就观照人的现实自由之路的思想而言，它则具有"初步宣言"的意义。因为，《神圣家族》所蕴含的关于人的现实自由之路的具有唯物史观性质的思想内容相比后期的著作还不够系统和完善，因而还不具备完备的

---

① 戴维·麦克莱伦. 马克思传［M］. 王珍，译. 北京：中国人民大学出版社，2006：314.

科学性，只有到了《德意志意识形态》关于历史唯物主义的基本原理得以系统制定，才使关于人的现实自由之路的思想具有了完备的科学性。但是，这种不足并不能遮蔽《神圣家族》在马克思观照人的现实自由之路的思想发展历程中的历史地位，其价值就如恩格斯所言的那样："对抽象的人的崇拜，即费尔巴哈的新宗教的核心，必定会由关于现实的人及其历史发展的科学来代替。这个超出费尔巴哈而进一步发展费尔巴哈观点的工作，是由马克思于1845年在《神圣家族》中开始的。"① 所以《神圣家族》是马克思正式确立观照人的现实自由之路这一目标的初步宣言，之后经过历史唯物主义的创立和发展，马克思和恩格斯将《共产党宣言》作为这一目标的正式宣言。因此，本书的目的之一就在于通过对马克思早期思想历程的认真梳理，恢复《神圣家族》在马克思观照人的现实自由之路的思想历程中作为初步宣言的历史地位。总体而言，《神圣家族》的承前启后的作用体现在四个方面：一是文本的成书经历；二是文本的内在批判逻辑因凸显了中心思想而保障了文本的历史地位；三是文本为马克思后期的思想发展正式确立了观照人的现实自由之路的目标；四是文本在关于观照人的现实自由之路的思想上回顾、总结并推进了之前的具有历史唯物主义性质的思想内容，为马克思后期的思想发展初步确立了总的方向和框架，而这四个方面将在正文第四章中做出具体阐述。

---

① 马克思恩格斯文集：第4卷 ［M］. 北京：人民出版社，2009：295.

第一章　精神自由思想的确立

　　纵观马克思一生的思想发展历程，追求自由是他一生的目标，而这种追求最早可以追溯到马克思的少年时期。少年时期是马克思自由思想的孕育阶段，在这个阶段，他通过中学作文的写作表达了为人类自由而奋斗终生的理想。到了大学阶段，马克思在青年黑格尔派的影响下，将对自由本身的理解具体化为自我意识自由，并通过博士论文表达了这一思想；但是，从一开始马克思就表现出与青年黑格尔派在追求自我意识自由方式上的本质差异，他认为自我意识自由的获取不在于彻底否定现实世界而在于与现实世界的联系中实现，即在定在①中实现自我意识自由。

第一节　自由思想的孕育

　　不言而喻，人的少年经历对于其未来的成长具有重要意义，这一点对于作为无产阶级革命的伟大导师马克思也不例外。正是少年时期来自社会环境的外在的客观影响以及来自家庭和学校自由思想的熏陶，使马克思自小便有着对于社会不公的本能的反抗和批判精神，并将追求人的自由作为自己奋斗的人生目标，尽管少年时期他对于自由本身及其实现手段的理解具有理想主义色彩。

一、历史文化和自由思想的传统与残酷现实的直观反差

　　任何理论都不是凭空产生的，都有其产生的现实土壤。学术研究应秉承恩格斯的教诲："历史从哪里开始，思想进程也应当从哪里开始，而思想进程的

----

① 定在：人生活于其中的现实世界或物质世界。

进一步发展不过是历史过程在抽象的、理论上前后一贯的形式上的反映；这种反映是经过修正的，然而是按照现实的历史过程本身的规律修正的。"① 因此，对于马克思现实自由观的理解，首先应着眼于马克思本人成长的历史环境。马克思于 1818 年 5 月 5 日出生于当时德国经济、政治最发达的莱茵地区的特利尔市，这个城市并存着悠久的历史文化传统和残酷的社会现实。

首先，历史文化传统表现在两方面：一是特利尔市受到了资产阶级自由思想的洗礼。西方自由思想有着悠久的历史传统，从古希腊哲学推崇的自由意志到文艺复兴、启蒙运动中资产阶级以自由、平等、理性作为反对封建专制的武器，表明对于自由的关注和追求在西方思想文化传统中一直都没有停歇过，它像细胞裂变一般不断地在西方世界的人民中扩散和扎根，成为人们对生活价值的普遍共识，特利尔市也不例外。在拿破仑与欧洲各国战争期间，法国曾占领了包括特利尔市在内的大片莱茵地区，并按照法国资产阶级的政权组织形式和基本精神管理这片地区，推动了莱茵地区工商业的发展和繁荣以及政治自由和言论自由的高涨，更为重要的是法国大革命的精神在这里生根发芽。因此，在法国占领期间，包括特利尔市在内的莱茵地区浸润在资产阶级自由主义精神的熏陶中，人们比以往任何时候都更关注和享有自由，而这种特色是德国其他地区所没有的。二是特利尔市在历史上是一座有着政治和宗教意义的历史文化古城。在古罗马时期，该城曾享有"北部罗马"的称号，而且罗马军队最高指挥机构曾驻地于此。在中世纪，特利尔又成为基督教世界中大主教的所在地，这使该市拥有了众多的教堂和广阔的行政边界。因此特利尔市不仅有着深厚政治和宗教文化传统，而且有着展示着这种城市曾经的辉煌和庄严的诸如曾作为罗马城墙的北门、宏伟教堂等历史遗迹。不言而喻，这座城市悠久的历史文化传统必然影响出生于此的马克思：他一生对自由和"历史一贯而专注的热情也正源于年少时的这种环境"②。

其次，马克思少年时所处的包括特利尔市在内的莱茵地区正处于社会转型期所带来的阵痛之中。这表现在两方面：一是经济衰退导致社会的不稳定。近代资本主义发展所产生的社会丑恶一面冲击着具有封建专制性质的德国。正如恩格斯在《德国状况》中所描绘的那样，"国内的手工业、商业、工业和农业极端凋敝。农民、手工业者和企业主遭到双重的苦难——政府的搜括，商业的

---

① 马克思恩格斯文集：第 2 卷 [M]. 北京：人民出版社，2009：603.

② 戴维·麦克莱伦. 马克思传 [M]. 王珍，译. 北京：中国人民大学出版社，2006：3.

不景气。贵族和王公都感到，尽管他们榨尽了臣民的膏血，他们的收入还是弥补不了他们的日益庞大的支出。一切都很糟糕，不满情绪笼罩了全国。没有教育，没有影响群众意识的工具，没有出版自由，没有社会舆论"①。作为莱茵地区的城市之一的、以葡萄果园为主要产业的特利尔市，在1814年由普鲁士接管之后，由于德意志关税同盟的建立而带来的激烈的外部竞争的冲击，原有稳定的社会秩序逐渐消失，经济社会生活每况愈下，失业率和物价不断上涨，赤贫、卖淫和移民问题日益凸显，大量人口需要依赖社会救济过活，社会陷入不稳定中。二是政治专制引起的社会不满和反抗。出于对包括特利尔在内的莱茵地区的人们曾受资产阶级自由精神的熏陶的考虑，为了稳定人心和避免这里的自由主义精神波及德国其他地区，普鲁士政府在接管该地区之初，维持了法国占领时期的管理模式。然而，原有的管理模式没有维持多久便被普鲁士封建专制统治模式取代，这引起了人们尤其是自由资产者的强烈不满。因此，政治上的专制统治和人们对专制的反抗，再加上社会贫富差距的不断加剧，导致特利尔市阶级对立和社会不满情绪日益严重，这种残酷的社会现实使得反对普鲁士专制统治的自由主义运动日益高涨。自由资产者以及一些具有资产阶级自由思想的知识分子们力求清除一切阻碍资本主义发展的障碍，即要求建立强有力的、具有资本主义性质的国家和政府；要求议会制度、要求废除贵族等级特权制度；要求取消国内关税、要求言论自由等。另一方面，这种残酷的社会现实也为空想社会主义思想的传播提供了现实土壤，例如"特利尔是德国最早出现法国空想社会主义思想的城市之一"②。不难理解，这种残酷的社会现实必然会直观地触动和冲击年少的马克思，使其萌发了对社会现实的好奇、关注甚至思考社会现实问题。

马克思就是诞生和成长于这样一座城市，这座城市既有悠久的深厚历史文化传统，又有着封建专制统治和资本主义经济发展共同造成的残酷的现实生活图景。正是这种历史文化传统与残酷的现实生活图景的直观反差在马克思心中激起了一生都未平息的波澜：对专制本能地反抗和对自由的执着追求，这可以从马克思后来的思想发展轨迹中清楚地看到。

---

① 马克思恩格斯全集：第2卷［M］.北京：人民出版社，1957：633-634.
② 戴维·麦克莱伦.马克思传［M］.王珍，译.北京：中国人民大学出版社，2006：4.

二、边缘人境遇和自由思想熏陶造就的彻底的反叛精神

（一）边缘人境遇造就了马克思彻底的反叛精神

首先，因家庭的犹太血统而与整个社会不容的现实使马克思生来就存在着对社会的疏离感和批判倾向。在当时的欧洲反犹太主义盛行，致使犹太人长期处于社会边缘人的境地。一是无论是在法国统治期间还是在普鲁士统治期间，在包括特利尔在内的莱茵地区，始终存在着针对犹太人的一定程度的隔离和排斥性质的专门法律，这使犹太人长期处于法定的、被排斥于社会整体之外的境况，难以获得和基督徒相称的平等权利；二是在普鲁士的统治时期，犹太人要想在政府中谋取职位，必须得由国王恩赐，而这样的机会少之又少；三是反犹太主义往往将犹太人作为社会贫富差距拉大、下层人民贫困加剧与整个社会环境恶化的替罪羊，这使犹太人遭到社会一定程度的鄙视和敌意。尽管这一切增强了犹太人的团结意识和自我意识，但是造成了一定程度的社会分裂。在这样的时代背景下，有着彻底的犹太血统的马克思的家庭就生活在天主教占主导地位的特利尔市。出于生计的压力和考虑，马克思的父亲亨利希·马克思不仅被迫改变了自己的名字，而且毅然改变了家庭的犹太宗教信仰而皈依新教；马克思的母亲罕丽达·马克思由于"非常依恋自己父母那边的家庭，所以一直感到自己在特利尔有点像个陌生人"①。因此，马克思的家庭从来没有将自己看作社会整体中的一分子，始终有着一种被排斥的边缘人的心理和疏离感，这种心理必然传染给了马克思，正如马克思后来所言，"一切已死的先辈们的传统，像梦魇一样纠缠着活人的头脑"②。因此，犹太人的边缘人的社会处境以及自身家庭因犹太人血统在特利尔市的边缘人遭遇，使马克思与生俱来地具有反抗社会不公的精神，更倾向于以批判的眼光来考察社会现实，更容易接受自由主义。

其次，在一定意义上，马克思一生都处于边缘人的境地，这进一步强化了他批判社会现实和追求自由的情怀。由于从小形成的反叛社会不公的精神和追求自由主义的情怀，以及自己一生的生活经历的艰难和不幸，使马克思成了一个被排斥于资本主义社会整体之外的边缘人，而边缘人身份一生的持续，必然强化了他对资本主义社会的批判和对自由的执着。具体而言，马克思的边缘人境遇表现在以下几方面：一是在家庭方面，家族的犹太人血统不仅使马克思父

① 戴维·麦克莱伦. 马克思传 [M]. 王珍，译. 北京：中国人民大学出版社，2006：6.
② 马克思恩格斯全集：第 11 卷 [M]. 北京：人民出版社，1995：132.

辈家庭与社会整体不和谐，甚至一度成为马克思与燕妮的婚姻的阻碍因素。二是在谋生方面，由于鲍威尔与政府当局意识形态的相悖而受到牵连，致使在大学执教以便谋生的愿望落空；多次从事报刊事业却因观点激进致使报刊屡被当局查封，从而使谋生的愿望屡屡破灭；写新闻评论、出书赚取微薄稿酬，甚至有时还要亏钱。例如，马克思曾自述道："《资本论》的稿酬甚至支付不起我在写作它的时候抽的雪茄。"① 因观点的不合时宜而多次遭到各国监视和驱逐。这一切致使马克思生无定居、陷于贫困、债务缠身，常常需要来自恩格斯和其他人的接济才能暂时渡过财政上的困难。马克思在 50 岁生日即将到来时，不无痛苦地说道："再过几天我就满五十岁了。如果一个普鲁士尉官对你说：'服役二十年了，可还是一个尉官。'那么，我可以说：苦干半个世纪了，可还是一个穷叫花子！我的母亲说得对极了：'小卡尔要是积攒一笔资本，而不是……该多好啊！'"② 三是在思想和社会活动方面，先是马克思早期赞同资产阶级自由思想而遭到封建专制的普鲁士政府打压，后是马克思转向共产主义而与资本主义社会不容，因此，马克思的思想和行为是与当时社会统治阶级及其占主导地位的意识形态不容的。四是甚至在共产主义社会活动方面，也曾因关于共产主义观点的不同而遭到共产主义社会活动内部同志的排挤，致使马克思一定程度地不愿参与共产主义社会活动而专心研究著书。总体而言，这种边缘人境遇使马克思常常因感到自己是一个"失败的知识分子"而消沉，例如他曾在给恩格斯的信中表露到："我的朋友，任何理论都是灰色的，唯有事业才常青。可惜，我信服这一点为时太晚了。"③ 但是，马克思依然坚定地追求自由，"我必须不惜任何代价走向自己的目标，不允许资产阶级社会把我变成制造金钱的机器"④。

（二）自由思想熏陶造就了彻底的反叛精神且潜含着务实精神与浪漫主义或理想主义的冲突

马克思早期所受的自由思想主要来自父亲和中学老师，而且这种自由思想内含着来自父亲的务实精神。首先是来自父亲的人道主义和自由主义的熏陶。在马克思的家庭中，父亲亨利希·马克思在马克思少年时的思想形成和发展过

---

① 戴维·麦克莱伦. 马克思传 [M]. 王珍，译. 北京：中国人民大学出版社，2006：348.
② 马克思恩格斯全集：第 32 卷 [M]. 北京：人民出版社，1974：75—76.
③ 马克思恩格斯全集：第 30 卷 [M]. 北京：人民出版社，1974：281.
④ 马克思恩格斯全集：第 29 卷 [M]. 北京：人民出版社，1972：550—551.

程中发挥了重要影响，这可以从马克思终生携带着父亲的照片在身边这一点明晰。亨利希·马克思在特利尔市是一名较为成功的律师，在人们的眼中，他学识渊博、勤勉务实、思想开明、富有教养，为人正直。尽管亨利希·马克思是犹太人，然而犹太教古老的正统的思想传统对他并未产生过多的影响，他反而接受和推崇18世纪法国启蒙思想，具有鲜明的自由主义和人道主义精神。在政治上，他奉行温和的自由主义，即在不反对并忠于普鲁士国王的前提下，构想德国制定一部自由主义宪法，实行资产阶级的代议制民主。因此，亨利希·马克思参加了莱茵地区倡导自由主义运动的特利尔卡西诺俱乐部文学社，并于1834年（这一年马克思16岁，已是特利尔中学四年级的学生）与其他人积极组织和参加了卡西诺俱乐部在莱茵地区举办的一次旨在争取政治自由的宴会和示威游行活动，这引起了普鲁士政府的愤怒和对俱乐部的严密的警察监控。在这次争取自由的活动中，尽管马克思的父亲表现得积极活跃，但是在宴会结尾敬酒提议时热情洋溢地歌颂了普鲁士国王，而且在示威游行时他没有像同伴那样高唱革命歌曲《马赛曲》。从改变宗教信仰到参加自由主义运动中的表现来看，可以说，在当时的时代条件下，马克思的父亲的行事方式比较"理智"，但是这也一定程度地表明他在政治上所信奉的自由主义是一种温和的自由主义，具有一定的妥协性和不彻底性，因此他对普鲁士的爱国精神和忠君思想冲淡了他的自由主义思想，但是"他有着对被压迫者权利的关切，这一点不能不说影响了他的儿子"①。作为父亲的亨利希·马克思，出于对儿子的钟爱和厚望，精心教导马克思，将自己所信奉的自由主义和人道主义精神传授给了他；同时"经常向儿子讲起在他职业生涯起步之时所经历的巨大艰辛"②，意在告诫马克思生活的不易以及进行生活事业需要脚踏实地的务实精神。这种教育在马克思大学期间给马克思的书信中表现得尤为明显，而且马克思在后期的生活经历和思想发展中继承并发扬了这种精神，即一生矢志不渝地立足于实物世界来探寻实现人的自由的现实路径，而这种务实精神不是世俗意义上的委身于权贵、向世俗生活妥协的生存哲学。其次，马克思从12岁开始，即从1830年至1835年，就读于特利尔市的弗里德里希-威廉中学。这所中学以18世纪启蒙运动的思想作为办学宗旨，有着一批富有自由主义和人道主义精神的优秀老师，在这里马克思受到了系统的人道主义和自由主义的教育。

---

① 戴维·麦克莱伦. 马克思传 [M]. 王珍，译. 北京：中国人民大学出版社，2006：9.
② 戴维·麦克莱伦. 马克思传 [M]. 王珍，译. 北京：中国人民大学出版社，2006：5.

此外，马克思早期的自由思想一定程度上还来自他未来的岳父路德维希·冯·威斯特华伦男爵。男爵有着良好的文化素养，具有理想主义、浪漫主义和自由主义精神，关注圣西门主义以及社会现实问题。由于男爵与马克思的父亲是好朋友，又喜欢聪明的马克思，因而常常与马克思在一起讨论思想，但是他传授给马克思的自由思想浸透着浪漫主义和理想主义，而且这影响了马克思相当长一段时间。马克思为了感谢男爵对他的这份友爱，将自己大学阶段所写就的博士论文献给了这位令他敬爱的慈父般的朋友。马克思在献词中这样写道：

"但愿一切怀疑观念的人，都能像我一样幸运地景仰一位充满青春活力的老人。这位老人用真理所固有的热情和严肃性来欢迎时代的每一进步；他深怀着令人坚信不疑的、光明灿烂的唯心主义，唯有唯心主义才知道那能唤起世界上一切英才的真理；他从不在倒退着的幽灵所投下的阴影前面畏缩，也不被时代上空常见的浓云密雾所吓倒，相反，他始终以神一般的精力和刚毅坚定的目光，透过一切风云变幻，看到那在世人心中燃烧着的九重天。您，我的慈父般的朋友，对于我始终是一个活生生的明显证据，证明唯心主义不是幻想，而是真理。身体的健康，我不需为您祈求，精神就是您所信赖的伟大的神医。"①

因此，在马克思从小受到的自由思想的熏陶中潜含着一种冲突，一方面是来自父亲的务实精神，另一方面是来自未来岳父的浪漫主义或理想主义，而这种冲突在马克思的中学作文中得到了很明显的展现，而且直至马克思的大学阶段才得到解决。

（三）马克思用实际行动表明了自己彻底的反叛立场

此时，来自家庭和学校的自由思想熏陶已经内化于马克思的体内，并指引着马克思的生活行为，而且他的自由主义精神相比他的父亲更为彻底，这可以从两件具体事件中知晓。一是马克思对于反自由主义的副校长的蔑视。作为中学学校校长和历史老师的胡果·维滕巴赫是一位富有彻底的自由主义精神的人士，注重培养学生们的自由主义和人道主义精神，他是在学校中对马克思影响最大、最为直接的人。由于和马克思的父亲一样，胡果·维滕巴赫参与了特利尔的争取自由的卡西诺事件，本已受到普鲁士政府严密监控的他遭到了普鲁士政府的制裁和打压；相反，学校的拉丁文老师廖尔斯由于拥护普鲁士政府和反对自由主义而被任命为副校长。在学校和社会处于这种专制甚至恐怖的氛围之

---

① 马克思恩格斯全集：第 1 卷 [M]．北京：人民出版社，1995：9.

下，年少的马克思态度异常坚定，他和另一位同学用"在他们离开学校时，向所有老师辞别，而唯独没有理睬廖尔斯"① 这种方式表达了对副校长的藐视和厌恶，对校长等人受到的不公正待遇的同情和支持，对普鲁士政府专制主义的不满。尽管他的这种行为表现遭到了父亲的埋怨，但是不能不说这种行为是马克思基于人道主义和自由主义的正义行为，表明了马克思比他的父亲有着更为坚定的政治立场和方向。二是马克思对于那些乞食于政府的同学表现出不屑的态度。马克思中学同学中大部分来自信仰天主教的中下阶层，马克思以蔑视的口吻回忆他们："过去在我们家乡的特利尔中学有一些农村来的笨人，他们准备投考教会学校（天主教的），大多数人领取助学金。"② 这反映了马克思对于强权以及向强权低头者的本能的蔑视和厌恶，这种不向强权低头以求安逸生活的精神贯穿马克思的一生，尽管他一生都处于极度的贫困之中。

三、人生价值的定位——为人类自由而奋斗

1835 年 8 月，17 岁的马克思中学毕业。此时最能体现马克思鲜明个性的就是他的充满了人道主义和自由主义精神的三篇中学毕业作文。这三篇作文表现了马克思充满理想主义的博大情怀，即希望通过以自我牺牲的崇高精神来使人的个性和才能得以完全发挥的同时为整个社会和人类谋取福利和自由。因此，马克思通过这三篇作文确立和表达了追寻个人完美与人类整体幸福相和谐统一的人生理想和价值目标。

第一篇文章是一篇关于宗教的文章，题为《根据〈约翰福音〉第 15 章第 1 至 14 节论信徒同基督结合为一体，这种结合的原因和实质，它的绝对必要性和作用》。马克思与他的父辈一样在思想上持有一种以自由主义和人道主义为特色的自然神论，他认为人的最高存在目的就在于追求高尚的德行，而宗教对于抵制和克服人性私欲以及提升人类整体道德水平，从而促进人类整体幸福生活具有教育指导作用。尽管这是一篇论证宗教对于提升人类道德之意义的文章，但是，必须明确的是，马克思所强调的宗教的教育指导作用，并不是宣扬宗教对人的精神束缚的负面作用，而是站在自由主义和人道主义的道德关怀的立场上，强调宗教存在的价值意义在于塑造人的完美道德和为人类整体谋取现世福利，否则宗教就没有存在的必要性。好善的德行以及对知识和真理的渴望

① 戴维·麦克莱伦. 马克思传 [M]. 王珍，译. 北京：中国人民大学出版社，2006：11.
② 马克思恩格斯全集：第 34 卷 [M]. 北京：人民出版社，1972：76.

和追求是人的本性中永恒的美好的东西，然而这种永恒的美好的东西却常常被实际的世俗生活中无处不在的私欲、谎言、虚荣心、诱惑、罪恶等恶行所嘲弄和吞没，致使"人是自然界唯一达不到自己目的的存在物，是整个宇宙中唯一不配做上帝创造物的成员"①。上帝作为创世主具有高尚的德行，而人作为上帝的创造物要想克服恶行做一个有德行的人就必须通过对上帝之子基督的爱而与基督乃至上帝结合为一体，这样人就会拥有向博爱和一切崇高的事物敞开的心，人的"德行才摆脱了一切世俗的东西而成为真正神性的东西"②，因此人通过这种结合所获得的德行将使生活变得更美好和快乐，而这是伊壁鸠鲁主义以及世俗世界的知识和理性所无法给予的。

第二篇文章是最为人们所熟悉和称赞的德语作文即《青年在选择职业时的考虑》。在这篇文章中马克思从青年该如何来选择职业的角度提出了三个观点：一是个人应基于自身的现实条件来选择职业。人类与动物的区别在于人有选择包括职业在内的活动范围的自由；但是，就择业而言，自由择业不应该是一种盲目地、虚妄的自由，而是必须建立在克服对虚荣的渴望和野心所造成的迷惑和幻想以及理性地考虑个人自身现实条件和所处的现实环境的基础之上。也就是说，人在自由选择职业的过程中，应重视现实因素和外部环境的限制。这体现了马克思继承了他父亲的务实精神。例如，他谈道："我们并不总是能够选择我们自认为适合的职业；我们在社会上的关系，还在我们有能力决定它们以前就已经在某种程度上开始确立了。"③ 因此，人只有在细心冷静地考察所选择的职业的全部现实因素之后，而内心依然热爱这种职业，才可以说这种职业是适合自己的，从而避免因选择力不胜任的职业而陷入妄自菲薄的痛苦境地。二是个人所选择的职业应能够给人以尊严。个人在考虑了所有现实条件之后所选择的能够给予人尊严的职业应具备如下条件：它不会使个人成为"奴隶般"的工具，不会使个人不体面地劳作，而是能够使个人在职业所及的领域内享有独立创造的自由，使个人以及他的活动具有崇高的品质，使个人最大限度地体现人生价值，实现个人价值与社会价值的统一，从而使个人享有崇高的尊严和自豪感。最符合这些规定和要求的职业，虽然不一定总会是社会中最高的职业，可普遍而言往往是个人最可取、最应该从事的职业。在这些能给人

---

① 马克思恩格斯全集：第1卷 [M]. 北京：人民出版社，1995：450.
② 马克思恩格斯全集：第1卷 [M]. 北京：人民出版社，1995：453.
③ 马克思恩格斯全集：第1卷 [M]. 北京：人民出版社，1995：457.

第一章 精神自由思想的确立

尊严的职业中，有一种不是影响和干预实际生活本身而主要是研究抽象真理的职业，这种"职业能够使具有合适才干的人幸福，但是也会使那些不经考虑、凭一时冲动而贸然从事的人毁灭"①。因此，青年如果对于从事这种职业还没有确立坚定的信念和明确的原则，那么贸然从事这种职业对于青年的成长和发展而言是危险的。因此，青年在选择研究抽象真理的职业时必须慎之又慎，避免因虚幻的感情摆布而冲动地选择这种职业，从而导致人生迷失方向。三是个人所选择的最为崇高的职业应是为全人类谋求福利的职业。马克思以充满激情的笔调指出能真正展现人生崇高价值和意义的最高尚的职业是摆脱狭隘的利己主义、最大限度地造福于整个人类并实现自身完美的职业。他写道："人只有为同时代人的完美、为他们的幸福而工作，自己才能达到完美……如果我们选择了最能为人类而工作的职业，那么，重担就不能把我们压倒，因为这是为大家做出的牺牲；那时我们所享受的就不是可怜的、有限的、自私的乐趣，我们的幸福将属于千百万人，我们的事业将悄然无声地存在下去，但是它会永远发挥作用，而面对我们的骨灰，高尚的人们将洒下热泪。"②

　　第三篇文章是关于奥古斯都元首的拉丁语作文，题为《奥古斯都的元首政治应不应当算是罗马国家较幸福的时代》。在这篇文章中马克思以是否保障了人民的幸福和自由为主要原则分析并判定了结束罗马共和国而构建罗马帝国的奥古斯都的独裁时代是符合当时历史条件的幸福时代。马克思含蓄地表达了两个重要思想：一是判定一种政体是否优良及其治下的时代是否为幸福时代，应以杰出人物能否担任国家公职为评判标准；应以掌权者能否不滥施权力和暴力，能否将手中的权力以"为人民造福"为宗旨来行使作为评判标准；应以能否消除社会阶层对立（如平民与贵族的对立）以及政治腐败等丑恶现象，实现社会稳定和谐、百姓安居乐业、促进科学和技艺的繁荣，从而"更好地保障人民的自由"③为评判标准。因此，马克思得出结论："如果一个时代的风尚、自由和优秀品质受到损害或者完全衰落了，而贪婪、奢侈和放纵无度之风却充斥泛滥，那么这个时代就不能称为幸福时代。"④ 二是马克思以对奥古斯都的赞扬——"那位尽管有条件为所欲为，但在获得权力之后却一心只想

---

① 马克思恩格斯全集：第1卷［M］. 北京：人民出版社，1995：458-459.
② 马克思恩格斯全集：第1卷［M］. 北京：人民出版社，1995：459-460.
③ 马克思恩格斯全集：第1卷［M］. 北京：人民出版社，1995：464.
④ 马克思恩格斯全集：第1卷［M］. 北京：人民出版社，1995：463.

拯救国家的人，是应当受到很大的尊敬"① ——的方式含蓄地表达了这样的观点，即掌权者必须具备一种素质，他不仅要智勇双全，更为重要的是他必须具备高尚的德行，而这种德行的核心不是利己主义而是为人民造福和保障人民自由，只有这样，掌权者手中的权力才能得到合理有效的使用，并为人民创造一个幸福的时代。

第二节　精神自由思想的确立

大学阶段，由于受到黑格尔哲学尤其是青年黑格尔派的影响，马克思此时已将对于自由本身的理解具体化为自我意识自由，并通过写就博士论文来作为自身确立追求精神自由目标的宣言。

一、自由追求在应然与实然对立中的纠结

1835 年 10 月，刚刚年满 17 岁的马克思，先在波恩大学学习法律，一年后又转入柏林大学，学习了四年半。从波恩大学一直到柏林大学第一学年年末，马克思在近两年的时间里思想上沉浸在浪漫主义和理想主义中。之所以这样的原因在于：一是波恩大学是莱茵地区的思想中心且其思想氛围以浪漫主义为特色，二是源于马克思未来的岳父路德维希·冯·威斯特华伦男爵对他的影响，三是由于与燕妮的爱情。这两年里，马克思先前秉持的自由主义和人道主义变得不再那么明显，中学毕业作文中所展现的那种为人类整体谋取全面发展的崇高人生价值目标在他的思想中淡化。因此，马克思在这两年里一定程度上过着令他的父亲颇为不满的放纵挥霍的生活：一是有着酗酒、打架、携带被禁武器、甚至与人决斗等胡闹的行为，例如，"他曾因夜间酗酒喧嚷，扰乱秩序，受罚禁闭一天……该生事后被人告发，据云曾在科隆携带违禁武器"②。二是生活花销的不节制欠下了数目不小的债务，如马克思的父亲在信中批评他道："你的债务（真是五花八门）刚偿清。"③ 三是大量时间专注于不为父亲所认可的浪漫主义诗歌的创作。由于马克思在波恩大学的不良表现，也是为了让儿子能受到更好的教育，马克思的父亲于 1836 年 10 月将他送到了柏林大学。在

柏林大学，随着爱情的现实问题的凸显以及柏林大学学术氛围的影响，马克思思想中的务实精神开始发挥作用，因而渐渐地摆脱了浪漫主义和理想主义，回归正途，将主要精力放了法学，尤其是哲学上。例如马克思说道："写诗可以而且应该仅仅是附带的事情，因为我必须攻读法学，而且首先渴望专攻哲学。"① 在研读黑格尔著作和参加青年黑格尔派的过程中，马克思坚定地重拾了自由主义和人道主义，且具体化了其追求自由的目标即"自我意识"自由。这种思想上的转变对他的触动，正如他在柏林第一学年年末所言："在我面前闪现了一个犹如遥远的仙宫一样的真正诗歌的王国，而我所创作的一切全都化为乌有。"②

（一）摆脱浪漫主义而回归现实生活

爱情的现实问题在一定程度上促使马克思逐渐摆脱浪漫主义，回归现实生活。马克思对于与燕妮的婚姻的态度是令人感到有趣的。在与燕妮初定恋情之初，马克思完全沉浸在狂热的浪漫主义的爱情中，完全忽视了阻挠他们之间爱情的现实问题所造成的爱情的不稳定以及由此导致的燕妮的忧虑。相反，燕妮尽管深爱着马克思，但是她更多地考虑了阻碍他们在一起的现实问题，这来源于三个方面：一是年龄之差。当时马克思 18 岁，燕妮 22 岁，两人相差四岁。而且，按燕妮家庭所属的官僚阶层的风俗习惯而言，燕妮的年龄已经超过了大多数女孩结婚的一般年龄。二是两个家庭的社会地位较悬殊以及马克思的犹太人身份。相比燕妮的家庭，马克思的家庭仅仅是个普通律师的家庭，在特利尔并没有与燕妮家相当的社会地位，再加上马克思的犹太血统，这种恋情必然遭到燕妮家庭部分成员一定程度的反对，即"来自威斯特华伦家的反对是基于反犹太主义"③。三是马克思对现实问题的忽视。由于马克思大学初期生活的放纵，以及他将全部精力沉浸在爱情之中并为之进行诗歌创作，完全忽视了阻挠他们爱情的现实问题，故而一定程度上给人们造成了他不务正业、不可靠、不值得信赖和托付终身的不良形象。所以不难想象燕妮当时所承受的家庭和社会压力。正如燕妮所言："我的痛苦在于，那种会使任何一个别的姑娘狂喜的东西，即你的美丽动人而炽热的爱情、你的娓娓动听的爱情词句、你的富有幻

---

① 马克思恩格斯全集：第 47 卷 [M]. 北京：人民出版社，2004：7.
② 马克思恩格斯全集：第 47 卷 [M]. 北京：人民出版社，2004：12.
③ 戴维·麦克莱伦. 马克思传 [M]. 王珍，译. 北京：中国人民大学出版社，2006：23.

22
马克思现实自由思想的缘起探究

想力的动人心弦的作品——所有这一切，只能使我害怕，而且，往往使我感到绝望。"① 所以，马克思的热情并没有从燕妮那里得到相应的回应，他不明白燕妮不仅需要爱情，也需要包括物质生活和社会地位在内的踏实感、依靠感和安全感，以及家人和社会的世俗认可。因此燕妮非常希望自己的爱人马克思能够表现出务实的良好形象："我常常提醒你注意一些外在的事物，注意生活和现实"②，而不是忘却现实生活中的一切，整日沉浸和陶醉于爱情世界里，耗费全部精力。

对于儿子的表现，马克思的父亲也曾不止一次地告诫他少些浪漫，多些务实："用诗人那种在爱情上的夸张和狂热的感情，是不能使你所献身的那个人得到平静的，相反，你倒有破坏她的平静的危险。只有用模范的品行，用能使你赢得人们好感和同情的男子汉的坚定的努力，才能使情况好转，才能使她得到安慰，才能提高她在别人和她自己心目中的地位……她为你做出了难以估量的牺牲——她表现出的自制力，只有用冷静的理智才能衡量。如果在你的一生中什么时候忘了这点，那就太可悲了！但是，目前只有你自己才能有效地干预了。你应当确信，你虽然年轻，却是一个值得世人尊敬、很快就会使世人折服的堂堂男子汉。"③

因此，正是爱情的现实问题以及燕妮和父亲的规劝，一定程度地促使马克思逐渐意识到沉浸在浪漫主义或理想主义中的行为的不恰当，开始认真对待大学学习生活。

（二）对于观照应然与实然关系的"自我意识"自由的皈依

柏林大学是一所完全不同于波恩大学的、有着浓厚学术氛围的学院，从费尔巴哈曾给马克思的父亲的信中关于这所大学特色的介绍就可以明晰这一点："在这里根本用不着考虑饮宴、决斗、集体娱乐之类的问题。在任何其他大学里都不像这里这样普遍用功，这样对超出一般学生之上的事物感兴趣，这样向往学问，这样安静。和这里的环境比起来，其他的大学简直就是酒馆。"④

马克思就读柏林大学时期，在法律系内部存在着两个思想上相互争锋的派别，即要求进步的黑格尔派和反对进步的法的历史学派。受这种思想氛围的影

① 马克思恩格斯全集：第 47 卷 [M]. 北京：人民出版社，2004：581.
② 马克思恩格斯全集：第 47 卷 [M]. 北京：人民出版社，2004：581.
③ 马克思恩格斯全集：第 47 卷 [M]. 北京：人民出版社，2004：534-535.
④ 戴维·麦克莱伦. 马克思传 [M]. 王珍，译. 北京：中国人民大学出版社，2006：23-24.

响，马克思认真研习法学和哲学著作，并试图构建一种法哲学体系，但是他遇到了实然与应然之间的巨大差异和对立问题，并发现难以用先前研习的康德和费希特的僵化的教条式的抽象思想体系克服这种对立，故而迫使他转向自己原本厌恶的关照现实问题的黑格尔哲学。马克思在给父亲的信中说道："帷幕降下来了，我最神圣的东西被毁掉了，必须用新的神来填补这个位置。我从理想主义——顺便提一下，我曾拿它同康德和费希特的理想主义做比较，并从中吸取营养——转而向现实本身去寻求观念。如果说神先前是超脱尘世的，那么现在它们已经成为尘世的中心。"① 因此，在认真研读黑格尔著作的过程中，马克思逐渐放弃了先前为之痴狂的脱离尘世的浪漫唯心主义和理想主义，转向了黑格尔的关照现实的理性主义，他对自己这种思想的转变评论道："由于不得不把我所憎恶的观点变成自己的偶像而感到苦恼，我病了。"②

与此同时，马克思积极参加了青年黑格尔派的"博士俱乐部"的活动。柏林大学、黑格尔哲学曾一度占据着哲学领域的"宝座"。然而在黑格尔之后，黑格尔学派逐渐分化为两个学派：一个是维护和安于现状的保守派，即老年黑格尔派；另一个是要求革新和进步的、以布鲁诺·鲍威尔为代表的激进派，即青年黑格尔派。青年黑格尔派富有自由主义，它以绝对自主的"自我意识"作为自己哲学的核心概念，认为包括宗教在内的世俗世界源于并展现着人类的自我意识，但是人类的世俗世界正处于充满危机和灾难的时期，并日益成了"自我意识"自由发展的干扰和妨害。因此青年黑格尔派认为必须利用哲学批判以匡正世俗世界，从而扫除一切阻碍自我意识自由发展的力量和观念，所以他们批判宗教、政治等社会现实问题，要求社会进步和革新以实现人的意志自由和解放。

在经历了黑格尔、青年黑格尔派思想的强烈影响和冲击后，马克思同黑格尔哲学的联系越来越密切，转变为一个黑格尔主义者。马克思这种思想转变是非常深刻和根本的，他意识到必须在解决理论与现实、应然与实然的关系的基础上遵循现实的逻辑以从中探寻自由，尽管此时马克思理解的自由依然是"自我意识"的自由，但是相比中学阶段所持有的自由观，已不再那么朴素，而是具有了坚实性，这可以从他的博士论文中体现的自由思想知晓。

1838 年 5 月，马克思的父亲去世。父亲的离去使马克思的家庭失去了顶

① 马克思恩格斯全集：第 47 卷 [M]．北京：人民出版社，2004：12-13．
② 马克思恩格斯全集：第 47 卷 [M]．北京：人民出版社，2004：14．

梁柱，家庭收入大为减少，因而谋生的压力迫使马克思开始考虑择业问题。在好友布鲁诺·鲍威尔的建议下，为了能在波恩大学谋得一个教职，马克思从1839 年年初开始着手准备并写作博士论文。1841 年 4 月，马克思将论文提交于耶拿大学哲学系，并在当月 15 日缺席的情况下获得了哲学博士学位。马克思的博士论文题目是《德谟克利特的自然哲学和伊壁鸠鲁的自然哲学的差别》，而他选此题的目的具体为以下两个方面：一是在黑格尔"总体哲学"之后德国的哲学发展状况类似于古希腊时期亚里士多德之后的哲学发展状况，两者都处于一个"伟人"之后重要的历史时期，因此马克思希望通过考察和比照古希腊时期继亚里士多德之后的不同的哲学流派的形成和发展状况，来探寻黑格尔的"总体哲学"之后德国哲学尤其是青年黑格尔派理应追寻的未来发展道路和目标。马克思认为"精神的存在是自由的"[①]，因而必须强调人的自我意识的绝对自主性，彰显人的自我意识自由的神圣不可侵犯性，而黑格尔之后的哲学所掀起的这场为争取自由而进行的斗争具有重要的哲学意义和政治意义，因此人们"不应对这场继伟大的世界哲学之后出现的风暴，感到惊慌失措。普通竖琴在任何人手中都会响；而风神琴只有当暴风雨敲打琴弦时才会响"[②]。因此，在博士论文中，马克思希望借伊壁鸠鲁之口，通过对自我意识的强调来为青年黑格尔派乃至德国哲学指出一条超越黑格尔的"绝对精神"的未来哲学发展道路，即彻底贯彻自我意识原则，实现人的精神独立和解放，从而进一步地论证青年黑格尔派的具有革命民主主义性质的政治理论即要求个性自由的自我意识哲学、无神论观点和资产阶级民主观点的合理性。二是彻底贯彻自我意识原则就必须坚持和实现哲学与实物世界的互动的原则，即世界哲学化和哲学世界化。马克思认为实现自我意识自由的原则不应是伊壁鸠鲁和青年黑格尔派所倡导的绝缘于定在或外部世界的孤立的片面方式，而应该是而且必须是在定在中实现自我意识自由。这种自我意识自由的获取必须在定在中实现的原则，不仅体现了马克思的务实精神，更体现了马克思在这一思想发展阶段所能找到的试图克服应然与实然对立以探寻人的自由的解决之道。因此，纵观这篇博士论文，它内在地具有哲学和政治的双重意义。

---

① 马克思恩格斯全集：第 40 卷［M］．北京：人民出版社，1982：136．
② 马克思恩格斯全集：第 40 卷［M］．北京：人民出版社，1982：136．

二、精神自由思想的彰显——借伊壁鸠鲁之口为精神自由而呐喊

马克思的博士毕业论文由四个部分构成：献词、序言、主体（包括德谟克利特自然哲学和伊壁鸠鲁自然哲学的一般差别以及两者的物理学的具体差别）和附录。青年黑格尔派与古希腊后期的伊壁鸠鲁两者所遇到的哲学时代有一定的相似性，即两者都是处于"伟人"之后的哲学时代，前者是处于黑格尔之后的哲学时代，后者则是处于亚里士多德之后的哲学时代。而且伊壁鸠鲁的自我意识哲学贴近甚至符合青年黑格尔派的哲学原则，因此马克思在博士论文中肯定伊壁鸠鲁哲学思想的价值，一定程度上是在为青年黑格尔派的哲学的合理性和价值意义提供理论支持，并试图探究德国哲学未来的发展方向和任务。马克思指出以往的大多数思想家指责伊壁鸠鲁剽窃了德谟克利特的原子论思想，即使有所改进也是败坏了德谟克利特的原子思想。相反，马克思通过细心研究古希腊后期的哲学思想，尤其是在考察和比较伊壁鸠鲁和德谟克利特两者之间的思想和行为上的差异和区别的基础上，指出伊壁鸠鲁在思想和行为上是完全不同于德谟克利特的。更为重要的是，伊壁鸠鲁的思想进步意义要远远大于德谟克利特，原因在于其哲学高扬主体自我意识的绝对自主性，蕴含着激发人的意志自由的力量，有助于促使人从迷信、神秘主义和宗教的禁锢中得以解放，因而其对于人的思想解放以及自由的获取具有不可忽视的重要的启蒙意义和价值。因此，马克思称"伊壁鸠鲁是最伟大的希腊启蒙思想家"[①]，赞扬伊壁鸠鲁在必然性中加入了偶然性，在机械的自然规律中加入了人类主体的自由意志，因而使世界变得朝气蓬勃。统观这篇博士论文，会发现马克思立足于自我意识原则，高举自由主义大旗，力图在自我意识原则指导之下探寻人获取自由的道路。

（一）哲学价值在于启蒙人的自由意识

1. 伊壁鸠鲁时代的哲学价值——自由精神

人们一般会按照发生、发展到衰落这样的套路来看待某个时期或事物的发展过程，但是如果忘记了事物的特殊性的话，那么这种对于解决问题的一般方法将是不能得到任何实际内容的抽象方法，因为人们研究事物的一般，正是为了不忘记事物的特殊性。"发生、繁荣和衰亡是极其一般、极其模糊的观念，要把一切东西都塞进去固然可以，但要借助这些观念去理解什么东西却办不

---

① 马克思恩格斯全集：第 1 卷 ［M］. 北京：人民出版社，1995：63.

到。死亡本身已预先包含在生物中，因此对死亡的形态也应像对生命的形态那样，在固有的特殊性中加以考察。"① 这才是理解和把握亚里士多德之后的哲学时代的正确方法。

因此，马克思不赞同关于希腊哲学在亚里士多德那里达到完盛之后就走向了没落，或者将亚里士多德之后的哲学体系看作是希腊哲学鼎盛时期之后的不合适的附加品的普遍观点。亚里士多德之后的希腊哲学具有重要的价值意义，因为"英雄之死与太阳落山相似，而和青蛙因胀破了肚皮致死不同"②。在对亚里士多德之后的哲学体系（主要是伊壁鸠鲁派、斯多亚派、怀疑派）进行认真研究之后，马克思认为自己解决了一个在希腊哲学史上至今尚未得到解决的问题，即如何理解希腊哲学的内在精神。他给出的答案是希腊后期哲学体系对于希腊哲学和整个希腊精神具有重大意义，即"这些体系合在一起形成自我意识的完整结构"③，它们"是理解希腊哲学的真正历史的钥匙"④，因为它们所彰显的自由精神不是希腊哲学整体的特殊现象，而是对于希腊哲学整体精神的继承和发展。或者说，希腊哲学和罗马精神的原型再现体现了希腊哲学整体所彰显的不懈追求自我意识自由的性格特质，即刚毅、强有力的和永恒的本质，因此对于这些后希腊时期的哲学学派，现代世界也必须承认它们"享有充分的精神上的公民权"⑤。尤其是在通过比较德谟克利特和伊壁鸠鲁两者的自然哲学差别之后，马克思公正地指出伊壁鸠鲁自然哲学的思想价值在于他将偏斜运动引入了原子论中，使人在必然性中拥有了获得自由的可能。

2. 哲学必须反对一切剥夺自由的压迫以启蒙人的精神自由

首先，哲学应具有反抗一切压迫的自觉精神。马克思在博士论文的序言即表明哲学的内在本质及其价值在于启发人们打破一切压抑人的自由本性的束缚，启发人的自我意识；反对任何神凌驾于人的自我意识之上，强调任何宗教的神与人的自我意识相比都不具有最高的神性，唯有人的自我意识具有至上的"神性"，任何神都难以与之相提并论，因此哲学的自白和格言就是"反对不承认人的自我意识是最高神性的一切天上的和地上的神。不应该有任何神同人

---

① 马克思恩格斯全集：第1卷 [M]．北京：人民出版社，1995：16.
② 马克思恩格斯全集：第1卷 [M]．北京：人民出版社，1995：16.
③ 马克思恩格斯全集：第1卷 [M]．北京：人民出版社，1995：17.
④ 马克思恩格斯全集：第1卷 [M]．北京：人民出版社，1995：11.
⑤ 马克思恩格斯全集：第1卷 [M]．北京：人民出版社，1995：16.

的自我意识相并列"①。因此，"只要哲学还有一滴血在自己那颗要征服世界的、绝对自由的心脏里跳动着，它就将永远用伊壁鸠鲁的话向它的反对者宣称：'渎神的并不是那抛弃众人所崇拜的众神的人，而是把众人的意见强加于众神的人'"②。所以马克思充满激情地高度赞扬了普罗米修斯，说他是为自由而斗争的哲学历史上最为伟大和崇高的圣者和殉道者，因为普罗米修斯勇敢而坚定地呐喊"我痛恨所有的神"，绝对不会甘受奴隶的服役以改变自己悲惨的命运，宁可忍受痛苦的命运也不愿沦为宙斯的忠实奴仆。因此，马克思在博士论文的开篇就为博士论文定下了基调，即立足于自我意识原则，肯定和高扬人的自由意志的绝对自主性，为此必须勇于反抗一切压迫。

其次，应在实现哲学与现实的统一中探寻精神自由。哲学应该具有这样的心理学规律，即"在自身中变得自由的理论精神成为实践力量，作为意志走出阿门塞斯冥国，面向那存在于理论精神之外的尘世的现实"③。因此，哲学作为"内在之光"不应该闭塞于自身，而应该像一团永不熄灭的火焰一般，主动去把握整个外在现象世界，并在这个过程中以哲学批判的形式衡量和改造现实世界，实现理论向实践的转化，进而改造和实现自身，这样才能达到实然对应然的一致，最终实现这样的目标——"世界的哲学化同时也就是哲学的世界化，哲学的实现同时也就是它的丧失，哲学在外部所反对的东西就是它自己内在的缺点，正是在斗争中它本身陷入了它所反对的缺陷之中，而且只有当它陷入这些缺陷之中时，它才能消除这些缺陷"④。因此，当世界哲学化和哲学世界化的时候，哲学的内在本质即自我意识自由才能真正得以实现和彰显。

最后，哲学应以实际斗争反对宗教和专制。在马克思所处的时代，随着资本主义的发展，进步自由的力量与具有封建和宗教专制性质的普鲁士政府之间的矛盾日益加剧，阶级对立日益激化，反政府的情绪日益高涨。在这样的时代背景之下，马克思的博士论文的重要价值和现实意义就在于批判社会政治现实、反对专制、争取自由。因此，对于政教合一的封建专制的普鲁士政府，宗教成了政治社会批判的首当其冲的目标。对于宗教的反人性，马克思像青年黑格尔派一样，反对黑格尔调和宗教与哲学的做法，他指出神是不存在的虚幻之

① 马克思恩格斯全集：第 1 卷 [M]. 北京：人民出版社，1995：12.
② 马克思恩格斯全集：第 1 卷 [M]. 北京：人民出版社，1995：12.
③ 马克思恩格斯全集：第 1 卷 [M]. 北京：人民出版社，1995：75.
④ 马克思恩格斯全集：第 1 卷 [M]. 北京：人民出版社，1995：76.

物，其本质上是人的自我意识的存在的异化形式，而所谓的神的存在的证明只不过是人理性匮乏、思想欠缺的结果。因此，"如果有人把温德人的某个神带给古代希腊人，那他就会发现这个神不存在的证明。因为，对希腊人来说，它是不存在的。一个特定的国家对于外来的特定的神来说，就同理性的国家对于一般的神来说一样，是神停止其存在的地方。或者，对神的存在的证明不外是对人的本质的自我意识存在的证明，对自我意识存在的逻辑说明"①。在世俗世界中，普鲁士政府利用宗教来证明自身存在的合理性，通过各种反动政策禁锢着人们的思想，压制人们对自由的追求，就像天上的神一样在世俗世界中扮演着神。所以人们要像反对天上的神一样反对世俗世界中扮演着神的角色的封建专制的普鲁士政府。

（二）自由在于自我意识的觉醒

伊壁鸠鲁和德谟克利特对自然哲学的认识，即物理学只存在原子和虚空，而两人在关于这门学科的真理性及其应用性上，乃至在思想与行为的关系上却是截然不同的，因此很难将伊壁鸠鲁和德谟克利特这两人的自然哲学等同起来。通过对两人哲学思想的甄别以及对伊壁鸠鲁哲学的赞扬，马克思凸显了人在客观世界中的主体地位，从而指出自由在于自我意识的觉醒。

1. 自由在于自我意识的独立性

德谟克利特关于知识的真理性的观点有着内在的矛盾和怀疑论的性质。一方面，德谟克利特认为只有原子和虚空是世界真实的、客观的原则，而感性的现象世界则是主观的意见和假象。例如，冷热是人只有按照意见才能知觉到的感觉，但是实际上并无冷热而只有原子和虚空。因此现象世界是没有价值的、虚幻的，感性知觉对于认识世界的真理不具有可靠性和真实性，因此对于世界的真理只有理性才可以把握，而感性知觉是做不到这一点的。也就是说，只有理性而非感性知觉才是认识真理的唯一途径。另一方面，德谟克利特又认为真理是不变的、单独的、没有内容的，而现象世界却处于不断地流变之中、有着丰富的内容，因而"感性现象是唯一真实的客体"②，故而相对于现象世界的认识，感性知觉具有同理性一样重要的认识价值即感性知觉等同于理性。因此，在德谟克利特的自我意识中出现了明显的二律背反：作为主观的假象的现象世界却又是真实的客体；在认识上不可靠的感性知觉却又是可靠的。因此，

---

① 马克思恩格斯全集：第1卷［M］. 北京：人民出版社，1995：101.

② 马克思恩格斯全集：第1卷［M］. 北京：人民出版社，1995：22.

在德谟克利特那里，"原子的概念和感性直观互相敌对地冲突着"①，这使他陷入了怀疑论的境地，造成了自我意识哲学陷入二律背反之中，进而消解了自由的可能性。相反地，伊壁鸠鲁拒绝了这种怀疑论的观点，指出"哲人对事物采取独断主义的态度，而不采取怀疑主义的态度"②。一切感官知识都是真实可靠的，没有什么可以驳倒感性知觉，无论是同类的感性知觉，还是不同类的感性知觉，再或者概念，都不能驳倒感性知觉对于认识真理的重要价值。因为同类的感性知觉之间由于共存着相同的效用和功能而不能互相驳倒；不同类的感性知觉由于不同的内在标准而不能相互驳倒；概念或理性由于依赖于感性知觉因而也不能驳倒感性知觉。因此伊壁鸠鲁认为感性的外在世界和人的感性知觉是绝对的、不容置疑的客观真实，而且感性的外在世界符合于人的感性知觉，感性知觉因而成了认识真理的标准。这样就避免了在德谟克利特那里消解自我意识自由的二律背反，保障了自我意识的独立性。

正是由于伊壁鸠鲁与德谟克利特两者在思想理论上的这种本质性差异，导致了他们在科学活动和生活实践中的不同和差别。

由于德谟克利特认为具有真理性的原则独立于存在之外，缺乏实在性和生动的内容，而感性世界尽管是主观假象，却因独立于原则而保持了自己的独立性和实在性，因而是具有丰富现实内容的唯一真实的客体，因此真理性的原则即哲学使他不能得到内心的安宁和幸福，迫使他"不满足于哲学，便投入实证知识的怀抱"③，进行经验的观察，故而他博览群书并周游世界以扩大视野、积累经验知识。他曾自夸道："在我的同时代人中，我游历的地球上的地方最多，考察了最遥远的东西；我到过的地区和国家最多，我听过的有学问的人的讲演也最多；而在勾画几何图形并加以证明方面，没有人超过我，就连埃及的所谓土地测量员也未能超过我。"④ 但是，由于德谟克利特所信奉的哲学知识缺乏内容，而能向他提供内容的经验知识又是不真实的，因此他难以探寻到既具有真实性又具有丰富内容的知识，结果陷入了痛苦的两难的绝望境地，最终他为了"使感性的目光不致蒙蔽他的理智的敏锐"⑤，据说弄瞎了自己的曾用以经验观察的双眼。与德谟克利特不满足于哲学而投身实证科学的行为相反，

马克思现实自由思想的缘起探究

① 马克思恩格斯全集：第 1 卷 ［M］. 北京：人民出版社，1995：22.
② 马克思恩格斯全集：第 1 卷 ［M］. 北京：人民出版社，1995：22.
③ 马克思恩格斯全集：第 1 卷 ［M］. 北京：人民出版社，1995：23.
④ 马克思恩格斯全集：第 1 卷 ［M］. 北京：人民出版社，1995：23.
⑤ 马克思恩格斯全集：第 1 卷 ［M］. 北京：人民出版社，1995：24.

伊壁鸠鲁轻视经验知识，他认为经验知识丝毫不能助人达到真正的完善，唯有在哲学中才能感到满足和幸福，故而他说道："要得到真正的自由，你就必须为哲学服务。凡是倾心降志地献身于哲学的人，他用不着久等，他立即就会获得解放，因为服务于哲学本身就是自由。"① 因此，当德谟克利特努力访求经验知识的时候，伊壁鸠鲁无视实证科学，以自己是一个自学者而自豪。他推崇自我意识的绝对性、自主性和人的主体地位，认为人不应该被外部世界所干扰，应该在哲学中获得内心的自由和安静。在他看来，像德谟克利特这样的人的头脑仅仅是二流的头脑，因为他总是被自己的思想中的矛盾和外在世界所束缚和折磨，因而抹杀了人的主体地位和人的精神自由。正是伊壁鸠鲁这种肯定人的自我意识绝对性的哲学观，使他得以摆脱纷繁复杂的感性世界的干扰并在雅典的菜园中享受着心灵的独立和宁静，进而从中获得快乐和幸福。最终，他以一杯醇酒、一个热水浴的满足而宁静的方式面对死亡的到来，并嘱咐身边的人像他一样热爱并忠于能带来心灵安宁的哲学。

2. 偶然性是自由的基础

马克思指出哲学家对于思维和存在的相互关系的思考表现为反思形式，往往将自己的特殊意识与感性世界的关系客观化或绝对化。因此，德谟克利特将"必然性看作现实性的反思形式"②，认为必然性是世间一切的创造者和主宰者，掌控着世间的一切，因而对于人而言是不可抗拒的、不可违背的命运，而偶然性是人们在必然性面前束手无策和无能为力从而自己给自己虚构的幻影，因为偶然性是理智所不容的，是不可想象的。相反地，伊壁鸠鲁却认为必然性是不存在的，只有偶然性和任意性存在，因为只有偶然性的存在，人才有自由和希望的可能，甚至人为了自由应该限制必然性的观念对人的束缚。因此他高扬自由意志，反对奴役着人的铁面无私的命运，即必然性，而指出"应该承认偶然，而不是像众人所认为的那样承认神"③。而且"在必然性中生活，是不幸的事，但是在必然性中生活，并不是一种必然性。通向自由的道路到处都敞开着，这种道路很多，它们是便捷易行的。因此，我们感谢上帝，因为在生活中谁也不会被束缚住。控制住必然性本身倒是许可的"④。因此，伊壁鸠鲁强调人应该摆脱命定论，从必然性中自我解放出来，实现自我意识的自由。

① 马克思恩格斯全集：第 1 卷［M］.北京：人民出版社，1995：24.
② 马克思恩格斯全集：第 1 卷［M］.北京：人民出版社，1995：25.
③ 马克思恩格斯全集：第 1 卷［M］.北京：人民出版社，1995：26.
④ 马克思恩格斯全集：第 1 卷［M］.北京：人民出版社，1995：26.

由于德谟克利特坚持必然性，伊壁鸠鲁注重偶然性，因此两人在解释感性世界的物理现象时截然相反，即关于必然性与实在可能性、实在的可能性与抽象的可能性之间关系的差异。

在德谟克利特看来，在有限的、外在的感性世界中必然性是支配一切的决定因素，而其之所以成为决定因素的条件，在于它是通过实在的可能性来展现自身，即以一系列的条件、原因和根据等为中介来展现自身，所以在个别现象中必然性是原因。因此，德谟克利特力图从必然性的视角来考察和研究外在的感性世界，力求解释和理解事物的真实存在和本真面目，所以他才会如此自述："我发现一个新的因果联系比获得波斯国的王位还要高兴。"① 相反地，伊壁鸠鲁则认为"偶然是一种只具有可能性价值的现实性"②，而且这种可能性分为两类：一是抽象的可能性，二是实在的可能性。在伊壁鸠鲁看来，抽象的可能性对于人的心灵宁静和自由的意义要远远大于或高于实在的可能性，因为实在的可能性是由一系列具体的有限条件构成，它力求证明自己的客体的现实性和必然性，因而它终究是被限制在严格的限度之内的，是有限的和相对的，因而是不值得探讨的；相反，抽象的可能性不涉及客体，只涉及思维着的主体，因而它不受对象本身和外在条件的限制，是无限的和绝对的，因而是值得探讨。"抽象的可能性涉及的不是被说明的客体，而是做出说明的主体。只要对象是可能的，是可以想象的就行了。抽象可能的东西，可以想象的东西，不会妨碍思维着的主体，也不会成为这个主体的界限，不会成为障碍物。至于这种可能性是否会成为现实，那是无关紧要的，因为这里感兴趣的不是对象本身。"③因此，伊壁鸠鲁对解释具体的个别的物理现象持有冷漠的态度。在他的眼里，对于一个事物的任何意见都是值得赞同的。他坚持一切皆有可能的原则，反对只赞同一种可能性而排斥其他可能性的做法，以及将众多可能性中的一种可能性断言为原因的观点，"因为要给只是根据推测推论出来的东西下一个必然的判断，是一种冒险"④。因此，伊壁鸠鲁认为没有必要去探讨客体的实在性，因为一切可能的东西都具有符合抽象的可能性的性质，关键在于使主体获得精神自由和内心宁静，这样"存在的偶然性"就会转化为"思维的偶然性"了。所以，他提出了唯一的哲学规则，即认识和解释不应该与感性知

---

① 马克思恩格斯全集：第1卷［M］. 北京：人民出版社，1995：26.
② 马克思恩格斯全集：第1卷［M］. 北京：人民出版社，1995：27.
③ 马克思恩格斯全集：第1卷［M］. 北京：人民出版社，1995：27-28.
④ 马克思恩格斯全集：第1卷［M］. 北京：人民出版社，1995：28.

32

马克思现实自由思想的缘起探究

觉相冲突、相矛盾，这样就避免了德谟克利特一方面认为现象是真的，另一方面认为它是主观假象的二律背反。因此，伊壁鸠鲁承认"他的解释方法的目的在于求得自我意识的心灵的宁静，而不在于对自然的认识本身"①。

作为独断论者的伊壁鸠鲁认为现象世界是真实的，却轻视经验；注重偶然性，否定必然性和一切客观实在性；注重从哲学的内在原则中汲取知识的自我意识的独立性，注重在自我满足的自我意识中获得心灵的宁静和内心的安宁。简言之，伊壁鸠鲁就是要用自我意识突破外在的束缚和干扰，获得内心的平静和精神的自由，因为在他看来对于感性世界是永远无法获得完全知识的，因而不必为此烦恼。"不是伊壁鸠鲁没有学识，而是那些以为直到老年还应去背诵那些连小孩不知道都觉得可耻的东西的人，才是无知的人。"②

马克思通过分析和对比德谟克利特和伊壁鸠鲁关于知识可靠性及其应用，以及必然性与偶然性的不同观点，意在借伊壁鸠鲁之口高扬人的主体性地位和自由本性的合理性和神圣性。

（三）原子偏斜与自由意识

在马克思的博士论文中最引人注目的地方就是伊壁鸠鲁区别于德谟克利特原子运动观的观点，即原子脱离直线做偏斜运动。德谟克利特注重必然性，认为必然性是人类无法抗拒的命运和天意，一切皆是由机械的因果关系决定的，故而在必然性所主宰的世界中人是毫无自由可言的，而这种机械决定论体现在德谟克利特关于原子运动的物理学时，原子在虚空中所进行的直线下坠以及相互排斥和碰撞所产生的漩涡的运动就代表着原子对其不可抗拒的必然性。

但是，伊壁鸠鲁认为原子在直线下坠运动中因受其制约而消逝着，因而丧失了自身的独立性。由于伊壁鸠鲁注重偶然性，认为必然性是不存在的，因此原子除了德谟克利特所说的直线下坠运动以及许多原子的相互排斥而引起的运动之外，还存在第三种更为重要的运动方式即原子脱离直线作偏斜运动。原子的偏斜运动规律是一个在伊壁鸠鲁哲学思想中具有普遍意义的原子运动规律，即"原子脱离直线而偏斜不是特殊的、偶然出现在伊壁鸠鲁物理学中的规定。相反，偏斜所表现的规律贯穿于整个伊壁鸠鲁哲学"③。然而，伊壁鸠鲁关于原子的偏斜运动的思想，在历史上曾遭到西塞罗、培尔等哲学家的反对和嘲

---

① 马克思恩格斯全集：第1卷［M］. 北京：人民出版社，1995：28-29.

② 马克思恩格斯全集：第1卷［M］. 北京：人民出版社，1995：24.

③ 马克思恩格斯全集：第1卷［M］. 北京：人民出版社，1995：35.

讽，他们认为所谓的偏斜是由于原子相互排斥的运动导致的相互碰撞引起的，因此另加偏斜作为原子的第三种运动是多余的和幼稚的行为。然而，与误解伊壁鸠鲁的那些哲学家们不同，在所有古代人中唯一真正理解并深刻阐释了伊壁鸠鲁物理学的哲学家是卢克莱修，他认识到原子偏斜运动所蕴含的人的自由意志、个性自由和独立性即人的自我意识的绝对性的重要意义，因而指出伊壁鸠鲁的关于原子的偏斜运动的思想冲破了必然性的束缚和禁锢，因为对于必然性，原子的"偏斜正是它胸中能进行斗争和对抗的某种东西"①。因此，伊壁鸠鲁的关于原子脱离直线而做偏斜运动的观点，克服并消除了必然性对原子的束缚和拘禁，使原子具有了个别性、独立性、自主性和能动性，为人打开了自由之门的钥匙，因而从自然的角度彰显了人的自我意识的绝对自主，即人的自由意志、个性自由和独立性的神圣不可侵犯的崇高地位。

第三节　在定在中实现自我意识自由

马克思在理解和阐述伊壁鸠鲁的自然哲学的过程中，实现了对黑格尔辩证法的否定之否定规律的贯彻，不仅恢复了伊壁鸠鲁的辩证的哲学体系，而且指出自我意识自由的实现不能故步自封于自我意识中，而应该在定在中实现，这不仅是对实然与应然关系的一种关照，更是一种务实精神的体现。

一、对黑格尔辩证法之"否定之否定"规律的正确理解和贯彻

马克思在此阶段已经对黑格尔的辩证法，尤其是否定之否定规律有着深刻的理解，并能自觉地对其独立地加以运用，这体现在他对伊壁鸠鲁自然哲学的理解和认知上。

首先，伊壁鸠鲁的自然哲学具有辩证的性质。伊壁鸠鲁使诸如原子的偏斜运动、质等原子所具有的特性的规定中内含着矛盾的性质，使原子概念中形式和物质、本质和存在的矛盾客观化，从而在实质上提出了关于事物由自身的内在本质所决定的自我运动和自我发展的辩证思想，因此伊壁鸠鲁哲学具有辩证的性质。例如，在伊壁鸠鲁的自然哲学中，他把作为本原的原子与作为元素的原子区别开来，使原子具有两种规定性：一是抽象的概念的形式规定，二是具

①　马克思恩格斯全集：第 1 卷 [M]. 北京：人民出版社，1995：34.

体的物质规定。前者使原子成了世界的本原或本质，后者使原子成了现象世界的物质元素和基础即与自身的概念性的本质不同的定在或存在。在从本质世界向现象世界的转换和过渡中，原子自身中的内在的矛盾实现了最为尖锐的状态："原子概念中所包含的存在与本质、物质与形式之间的矛盾，表现在单个的原子本身内，因为单个的原子具有了质。由于有了质，原子就同它的概念相背离，但同时又在它自己的结构中获得完成。于是，从具有质的原子的排斥及其与排斥相联系的聚集中，就产生出现象世界。"① 因此，马克思高度赞扬了伊壁鸠鲁的关于原子论的辩证思想特色："伊壁鸠鲁在矛盾极端尖锐的情况下把握矛盾并使之对象化，因而把成为现象基础的、作为'元素'的原子同存在于虚空中的作为'本原'的原子区别开来。"② 尽管在黑格尔看来，由于伊壁鸠鲁将感觉当作真理的基础和标准，因而他的辩证法不是真正的辩证法，至多只能算作关于感性和表象的辩证法，但是这依旧不能影响马克思对于伊壁鸠鲁的赞许。

其次，马克思用"否定之否定"规律使伊壁鸠鲁哲学由残篇的形式恢复甚至拔高为一个完整的辩证哲学体系。尽管伊壁鸠鲁的原子论具有辩证的性质，但是依然是一种自发的和不系统的辩证法，这是令马克思感到不满意的地方。因此，马克思根据历史遗留下来的关于伊壁鸠鲁哲学思想的一些残篇，利用黑格尔辩证法的否定之否定的规律，将伊壁鸠鲁的自发的辩证法阐发为自觉的辩证法，将不系统的、零散的辩证思想发展为系统的辩证思想体系，从而实现了对于伊壁鸠鲁整个哲学体系的阐述。例如，从原子的直线运动到偏斜运动再到相互排斥运动，以及从原子的概念性的本质到物质性的存在再到抽象的个别性的自我意识，形成了一个符合否定之否定规律的辩证逻辑过程，从而由伊壁鸠鲁的零散的哲学观点推导并构建出较为完整的哲学体系。无论马克思后来多么激烈地批判黑格尔的头脚倒立的唯心主义辩证法，但是，此时他利用了黑格尔的辩证法完成了对伊壁鸠鲁哲学体系的构建。

同时，正是对黑格尔哲学，尤其是否定之否定的深刻理解，使马克思意识到青年黑格尔派不应像伊壁鸠鲁那样固守于封闭的自我意识的领域之内探寻抽象的自由，而是应该践行否定之否定的规律，走出自我意识，将自我意识推向和转化为实践力量，并接受感性世界的批判和检验，这才是真正的自我意识哲

---

① 马克思恩格斯全集：第 1 卷［M］. 北京：人民出版社，1995：49.
② 马克思恩格斯全集：第 1 卷［M］. 北京：人民出版社，1995：50.

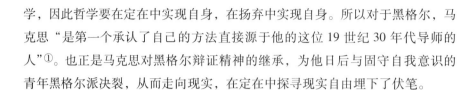

学，因此哲学要在定在中实现自身，在扬弃中实现自身。所以对于黑格尔，马克思"是第一个承认了自己的方法直接源于他的这位19世纪30年代导师的人"①。也正是马克思对黑格尔辩证精神的继承，为他日后与固守自我意识的青年黑格尔派决裂，从而走向现实，在定在中探寻现实自由埋下了伏笔。

二、自我意识自由应在定在中获取

由于受到青年黑格尔派自我意识原则的影响，马克思将自己的博士论文立足于自我意识原则，然而，应该看到马克思在博士论文中对伊壁鸠鲁自我意识原则所倡导的精神自由持有褒贬兼有的双重态度。也就是说，马克思既赞同伊壁鸠鲁对于自我意识自由的高扬，又否定了他对自由的抽象理解即把人与外在世界隔离并将两者绝对对立以实现精神自由的做法。借此，应该认识到马克思在实现自我意识自由的方式上对于青年黑格尔派的自我意识哲学的扬弃和超越，一方面马克思赞同和参与青年黑格尔派对于普鲁士封建专制制度所进行的理论批判，另一方面马克思反对其脱离具体的实际情况、单纯地囿于自我意识原则以实现自我意识自由的做法，因为这不符合马克思变革现实的愿望，即在定在中实现自我意识自由。

首先，马克思赞成伊壁鸠鲁强调个体的自我意识和自由意志的绝对性，但是反对他对自由本身的抽象理解，即将自由仅仅界定为一种绝缘于外在的感性世界的、囿于自我意识之中的内心宁静。伊壁鸠鲁认为自由只有在绝对地绝缘于感性世界以及必然性并服务于自我意识的哲学中才能获得，反对和否认人能够在与外部世界的相互关系中获取精神自由，"因为如果同明显的事实做斗争，那么就永远不能达到真正的心灵的宁静"②。因此，伊壁鸠鲁的自我意识哲学是一种规避感性世界干扰，在主体意识中寻求内心宁静的自我意识哲学，即是通过漠视感性世界的方式来推崇和高扬主体意识的独断论。例如，他认为人应该在节制欲望中审慎地追求快乐和幸福，因为快乐和幸福只能源于不受来自身体以及感性世界的影响和左右的内心世界。对于伊壁鸠鲁这种强调主体的自我意识哲学，黑格尔曾批判道："这种哲学的原则不是客观的，而是独断的，是建立在自我意识自求满足的要求上面的。这样主体就成为应该被关心的东西。主体为自己寻求一个自由的原则、不动心的原则，它应该遵照这个

36

---

① 戴维·麦克莱伦. 马克思传 [M]. 王珍，译. 北京：中国人民大学出版社，2006：32.
② 马克思恩格斯全集：第40卷 [M]. 北京：人民出版社，1982：50.

标准，亦即遵照这个完全一般性的原则——把自己提高到这种抽象的自由和独立性。这种自我意识生活在自己的思想之孤寂中，而在这种孤寂生活中得到满足。"①

与黑格尔一致，在马克思眼里，伊壁鸠鲁所强调和提倡的自由本质上是一种对于感性世界的消极逃避，是龟缩于自我意识之中以期内心安宁和自我安慰的抽象自由和消极自由。"在伊壁鸠鲁看来，对人来说在他身外没有任何善；他对世界所具有的唯一的善，就是旨在做一个不受世界制约的自由人的消极运动。"② 因此，伊壁鸠鲁的自由存在着不可克服的局限性，即将自我意识完全隔绝于感性世界，从而将自我意识自由绝对化为一种定在之外的抽象自由，即"抽象的个别性是脱离定在的自由，而不是在定在中的自由。它不能在定在之光中发亮"③。相反地，马克思指出："正如原子之外是抽象的、个别的自我意识的自然形式一样，感性的自然也只是对象化了的、经验的、个别的自我意识，而这就是感性的自我意识。所以，感官是具体自然中的唯一标准，正如抽象的理性是原子世界中的唯一标准一样。"④ 马克思认为只有当人不像原子一般局限于抽象的个别性，而是与外在世界相互联系时，自由问题才有解决的可能，因此他将自由问题从囿于自我意识的范围扩展为自我意识与外部感性世界的关系之中，力图在定在中获取自我意识的自由，变抽象的消极自由为具体的积极自由。因此，与承认现实却又逃避现实、安于自我意识哲学以求心灵宁静的伊壁鸠鲁不同，马克思不安于自我意识哲学所带来的内心宁静和安慰，而是要求自我意识哲学践行普罗米修斯的勇于反抗一切压迫的箴言，在与外部世界进行互动中实现自身；也就是说，通过自我意识哲学来批判不合理的外部世界，在与外部世界中压抑人性和束缚自由的一切不合理因素做斗争的过程中，实现上节所言的哲学的世界化和世界的哲学化，进而使人获取自我意识自由。因此，马克思认为自我意识哲学的价值不应仅仅在于安抚人的内心，而应作为一种能够影响世界的积极力量，在于"像普罗米修斯从天上盗来天火之后开始在地上盖屋安家那样，哲学把握了整个世界以后就起来反对现象世界"⑤。

---

① 黑格尔. 哲学史讲演录：第 3 卷 [M]. 贺麟，王太庆，译. 北京：商务印书馆，1983：5.
② 马克思恩格斯全集：第 40 卷 [M]. 北京：人民出版社，1982：78.
③ 马克思恩格斯全集：第 1 卷 [M]. 北京：人民出版社，1995：50.
④ 马克思恩格斯全集：第 40 卷 [M]. 北京：人民出版社，1982：54.
⑤ 马克思恩格斯全集：第 40 卷 [M]. 北京：人民出版社，1982：136.

其次，马克思对于伊壁鸠鲁关于自我意识自由的抽象理解的反对态度，一定程度地隐喻了他对于青年黑格尔派关于自我意识自由的实现方式的反对态度。青年黑格尔派的进步意义在于：他们站在资产阶级激进主义立场上，高举自由之旗，并且力图从黑格尔哲学中引出革命原则并予以发扬，从而反对普鲁士的封建专制制度以实现人的自我意识的自由。但是，一定程度上，青年黑格尔派的自我意识哲学与伊壁鸠鲁自我意识哲学在自我意识自由的实现方式上非常相似，甚至是后者的翻版。青年黑格尔派将自我意识由黑格尔的"绝对精神"的自我实现过程的一个特定环节提升为、绝对化为最高哲学原则，从而使其代替了"绝对精神"的至高地位而成了主宰一切的、具有绝对性和至上性的根据；而且彻底否定了外在世界而使自我意识完全绝缘于、独立于外在世界。因此，青年黑格尔派在进行社会政治理论批判以实现自我意识自由的过程中，因忽视了哲学与现实世界的联系而囿于自我意识原则，导致自身对自由的理解陷入了抽象之中。也就是说，青年黑格尔派所推崇的自我意识原则实质上是一种完全否定世俗世界并与之对立的、局限于主体意识层面的纯粹主观精神。以青年黑格尔派的代表人物鲍威尔为例，他理解的自我意识不是通过与客体的互动来意识到自身，而是通过彻底否定和统帅客体来实现自身。因此，青年黑格尔派因囿于自我意识原则、缺乏与现实世界联系的理念眼光，而使其所推崇的自我意识自由沦为了令马克思不赞同的消极的抽象自由，这与伊壁鸠鲁和现实世界脱离而固守封闭的主体意识以求内心宁静类似。这种在理论上激进而实践上却保守的探寻自我意识自由的方式，是令马克思不能满意的。因此，马克思认为在本身中探求自由的自我意识哲学应转化为实践的力量，即在批判和干预外在世界的过程中变革不合理的现实，同时不断扬弃自身的内在的缺陷，从而实现哲学的世界化和世界的哲学化，促使自我意识的自由在定在中获取。

第四节　小结

通过对马克思少年阶段、大学阶段的生活和思想经历的梳理，可以确定的是，被誉为无产阶级革命导师的马克思之所以将人的现实自由作为毕生奋斗目标是与其早年的成长经历分不开的。总体来看，年少时代的生活环境中的四个方面的因素——历史文化和自由思想的传统与残酷现实的直观反差、与生俱来的与社会的疏离感、来自父亲和老师的自由思想的熏陶、对专制社会的负面事件的本能反抗即政府和社会的压迫所激起的本能的厌恶和反抗——为马克思的性格注入了一股坚实的精神力量——勇于反抗压迫和追求自由。同时，更为重要或需明确的是，尽管马克思的中学作文渗透着为追求自由以及为实现自身完善和人类幸福的统一、个人与人类社会整体的全面发展而奋斗终生的充满自由主义和人道主义的崇高理想。但是，此时马克思的自由主义和人道主义的萌芽中存在着浪漫主义或理想主义与务实精神的潜在冲突：一是尽管相比他的父亲，他有着彻底的、不妥协的自由主义情怀，但其自由思想仍较为朴素，且含有强烈的理想主义和浪漫主义；二是马克思对选择职业的现实因素的考虑体现了父亲所传给他的务实精神。

后期这种冲突主要表现在大学期间：浪漫主义和理想主义在马克思大学期间的前两年占据了思想上的主导地位，之后马克思便逐渐摆脱了浪漫主义和理想主义，使重视现实、服从现实逻辑的务实精神占据了自己思想中的主导地位。具体表现在马克思转向了青年黑格尔派的自我意识哲学，参与到反封建专制斗争的自由主义运动中，而且将博士论文作为自己走上为自由而奋斗的道路的第一声呐喊。尽管如此，马克思不赞同青年黑格尔派彻底否定外在世界以实现自我意识自由的抽象方式，他认为自我意识自由必须是在与现实世界的联系即在实现哲学的世界化和世界的哲学化的过程中获取，即从定在中实现自我意识自由，这不仅是马克思思考克服应然与实然的对立关系的结果，也是对青年黑格尔派用自我意识哲学来对社会政治进行理论批判以推进社会改革的思想的变革和发展。在以后的思想发展过程中，马克思曾不止一次地反对过青年黑格尔派所推崇的抽象自由，如在《德意志意识形态》中，马克思写道："青年黑格尔派的意识形态家们尽管满口讲的都是所谓'震撼世界'的词句，却是最大的保守派……这些哲学家没有一个想到要提出关于德国哲学和德国现实之间的联系问题，关于他们所做的批判和他们自身的物质环境之间的联系问题。"[1]因此，青年黑格尔派就像一个处于幻想中的好汉一般，这个好汉"忽然想到，人们之所以溺死，是因为他们被重力思想迷住了。如果他们从头脑中抛掉这个

---

① 马克思恩格斯文集：第1卷［M］. 北京：人民出版社，2009：516.

观念，比方说，宣称它是迷信观念，他们就会避免任何溺死的危险"①。

　　纵观马克思的一生，从大学期间开始，马克思在自由主义和人道主义的指引下，始终坚持务实精神，即在每当遇到理论与现实、应然与实然相冲突时，毅然服从现实权威和现实逻辑，因此，在一定意义上，正是务实精神成就了马克思的伟大。当大学期间确立了在定在中获取自我意识自由的理念和原则之后，马克思便将其具体地运用于新闻编辑的社会实践活动，而这是下一章要讨论的问题。

①　马克思恩格斯文集：第1卷［M］．北京：人民出版社，2009：510.

第二章　精神自由与现实自由的碰撞

《莱茵报》时期是马克思离开校园进入社会实践活动的第一步，是对博士论文中所确立的在定在中获取自我意识自由的原则的初步尝试；同时，也正是迈向现实生活的这一步，使马克思在思想上有了质的飞跃，即在研究并试图解决社会现实问题的过程中开始质疑自我意识自由哲学对于实现人的自由的合理性和可行性，进而为追求现实自由的目标做了必要的理论性和实践性的准备。总体而言，这一人生阶段是马克思从革命民主主义转向共产主义、从唯心主义转向唯物主义的开端和萌芽。

第一节　对于"自由人"团体的反叛

马克思取得博士学位之后，迫切希望获得大学教职，但由于青年黑格尔派的代表人物鲍威尔的反宗教和反政府的激进的非正统学说，导致普鲁士政府最终剥夺了他在波恩大学的教职，这使马克思意识到作为青年黑格尔派成员在大学里执教的可能性是不存在了。同时，由于父亲的过世以及与家庭的不和，马克思丧失了来自家庭的经济资助，这一切加剧了马克思的生活困境。由于德国当时特殊的历史条件，新闻出版事业与社会政治、经济现实活动联系最密切和直接，因此新闻出版事业成了资产阶级自由派与封建专制的普鲁士政府斗争的主要阵地，担负着表达资产阶级利益和自由要求的使命。因此，马克思出于生计以及宣传进步思想的考虑，便积极投身于与社会现实密切联系的新闻出版事业。

从 1841 年 4 月 15 日取得博士学位后，马克思便开始积极从事新闻出版事业。至 1842 年 3 月之前，马克思一直将自己的主要精力放在卢格所创办的青年黑格尔派的重要期刊《德意志年鉴》上。与此同时，马克思参加了莱茵省科隆地区的资产阶级自由主义政治运动的社会团体，即科隆社团。该团体成员主要是资产阶级金融家和实业家以及具有进步思想的青年知识分子。当时的科隆社团作为代表着莱茵地区的资产阶级利益的团体富有自由主义、要求政治革新，急需一份报纸来集中表达资产阶级的政治和经济利益诉求。1841 年 9 月，康普豪森等一些科隆的富商们组建了一家股份公司用以接管原先的《莱茵总汇报》，并且把《莱茵总汇报》更名为《莱茵省政治、商业和工业日报》，简称《莱茵报》。《莱茵报》于 1842 年 1 月 1 日在科隆正式出版，至 1843 年 4 月 1 日被查封。

在《莱茵报》存在的一年多时间里，它不辱使命地成了资产阶级与普鲁士封建专制当局进行政治斗争的前沿阵地。在这期间，《莱茵报》的办报方针随着报纸的主编的更换，经历了三个不同阶段：起初报纸的金融支持者仅仅希望该报为他们争取有利于资本主义发展的政策，不希望革命者担任主编而引起政府的敌意，因此代表资产阶级利益诉求的经济学家李斯特及其追随者赫夫铿最先成为报纸的主编。由于赫夫铿希望报纸具有资产阶级温和自由主义的特色，拒绝接受青年黑格尔派的具有革命倾向的文章，遭到了青年黑格尔派激进主义者荣克和赫斯的反对，最后赫夫铿被迫辞职。至此，在激进主义的青年黑格尔派的争取下，报纸的主编便由青年黑格尔派的成员鲁滕堡担任，这样报纸便处在青年黑格尔派的掌控下，然而随之而来的反政府的激进主义倾向引起了政府的监控和敌意。之后，由于鲁滕堡的平庸而难以胜任主编工作，马克思便于 1842 年 10 月 15 日受聘出任主编，继续站在激进的反政府立场，使该报越来越具有鲜明的革命民主主义倾向，报纸特色更具有现实性和战斗性。

在《莱茵报》工作期间，马克思与青年黑格尔派在办报方针上存在巨大分歧，这是两者在实现自我意识自由方式上的思想差异的具体表现。当时，青年黑格尔派的一些青年作家在柏林组织了一个以鲍威尔为代表的"自由人"团体，它是博士俱乐部的延续。这个团体在思想上继续反对着封建专制和宗教对人的自我意识自由的束缚，但是它完全脱离现实的社会政治条件，企图用绝对的批判即抽象地否定一切来变革普鲁士现存的政治制度，完全无视反封建专制主义政治斗争的现实条件，沉溺于激进的空谈，因此该团体因越来越脱离现实而日益哲学化，而且他们习惯于并力图把《莱茵报》看成是他们发表"自由"空论的唯命是从的机关报。与之相反，《莱茵报》成了马克思通过对社会现实进行理论批判以践行博士论文中所确立的自我意识自由必须在定在中获取的原则的重要平台。由于社会实践的不断深入，尤其是在写就了评普鲁士书报检查令的文章之后，马克思的兴趣点已经远远不再像以往那样局限于哲学领域而是拓展至并扎根于社会现实层面。也就是说，他开始关注现实生活中人的不自由的状态，并力图立足于社会现实来探寻人的不自由的根源。所以，新闻实践活动强化了马克思的务实精神以及对于社会经济政治现实的关注，使他能够从具体的实际情况出发来看待人的自我意识自由的现实可能性。而他之所以这样的具体原因可分为三个方面：一是科隆社团的关注社会现实的氛围对他的影响；二是空想社会主义对他的影响；三是争取自由的过程中对于社会现实本质力量的触及，带给他的思想上的触动和震撼。首先，科隆社团从成立之日起，就与空泛谈论自由和解放的柏林的"自由人"团体不同，它更为关注社会现实，更为务实地从现有的历史条件出发来批判阻碍资本主义发展的封建专制制度，从而为自身要求符合当时现实条件的"适宜的""合理的"实际的政治变革，而这种氛围从一开始就影响并促使马克思从现实的角度来看待社会问题。其次，19世纪30年代空想社会主义开始在德国传播并产生了一定影响，并且引起了普鲁士政府的一定程度的关注和警觉。空想社会主义对于造成悲惨社会现实的资本主义的批判以及对美好未来社会的构想，引起了德国境内尤其是莱茵地区关注社会现实、具有社会意识的、富有自由主义精神的知识分子们的兴趣和关注。最后，正是在空想社会主义思想影响之下，《莱茵报》的成员们常常聚在一起讨论社会现实问题，这必然一定程度地推动了作为其中成员之一的马克思对于现实的社会问题和理论问题进行全面而深入的关注和探讨。更为重要的是，在《莱茵报》工作期间，马克思认识到物质利益与作为客观社会关系的等级制度对于人们现实生活的影响，这进一步促使马克思从实际出发来看待社会经济现实问题以及人的自由问题。

因此，在从事新闻出版事业的过程中，随着社会实践的不断深入，马克思开始反思和批判德国人思想领域和精神层面的不足即脱离现实的缺点。在德国，诸如青年黑格尔派之类的标榜自由的自由派们有着严重的脱离实际的弊病，因为这些自由派往往将自由和理想奉为不食人间烟火的神明，在他们的眼中，凡是将自由和理想从现实的"土地"上移到虚幻的"太空"中的行为都是对自由和理想的尊重和爱护；相反地，凡是将自由和理想与现实的日常生活进行任何接触和联系的行为都是对自由和理想的亵渎。当时的德国民众过分地敬重和崇拜观念而致使其不愿在现实生活中培育和实现这些观念，往往将自由和理想看作是一种遥不可及的幻想和伤感的愿望，这在一定程度上与自由派有着很大的关系，要由他们来负部分的责任。因此，尽管青年黑格尔派自命具有革命性，且常常发表革命言论，但是他们曾经具有进步性的关于自由的言论已经落后于革命发展的具体情况，并沦为一种风头主义。这不仅败坏了自由主义运动，而且无助于人的政治自由权利的获取。也就是说，青年黑格尔派绝对地否定现实世界以实现自我意识自由的方式是严重脱离社会实际的，对于现实地获取自我意识自由是没有丝毫帮助的。所以，随着社会实践活动的不断深入，马克思更多地是从一个个具体的社会现实问题出发，联系具体的实际情况来进行理论批判，从而达到以切实可行的务实方式来逐步争取政治自由的目标。而这种思想上和行动上的差异，使马克思与以鲍威尔为代表的青年黑格尔派之间的分歧开始加剧并最终公开化，这可以从马克思成为编辑前后所写的两封书信中窥见一斑。

（一）第一封信

第一封书信大约写于 1842 年 8 月至 9 月下旬。这封书信是马克思为了回应"自由人"团体在办报方针上的空论、实现自己的办报宗旨以及获取《莱茵报》主编职位，而给对于制定与实施《莱茵报》编辑方针具有决定性作用的股东奥本海姆所写的一封书信。在这封书信中，就《莱茵报》的办报宗旨而言，马克思规定和阐释了两点原则。首先，《莱茵报》不是纯学术性的刊物，而是政治刊物，所以它不可以不考虑现实条件和具体情况来从理论上泛论国家制度，因为"正确的理论必须结合具体情况并根据现存条件加以阐明和发挥"①。也就是说，在德国现有的条件下，批判普鲁士封建专制制度来争取有利于资产阶级的政治自由的报纸，必须在国家制度许可的范围内逐步地、合理地表达政治观点和争取政治自由，而不应该像"自由人"团体那样明显地、彻底地批判、反对和挑战普鲁士国家制度的基础。之所以"不应该"的原因在于：一方面，如果这样做的话，会使报纸遭到政府敌视，从而遭到政府更为严格的书报检查甚至查封，结果只会压缩甚至消除报纸的生存空间，而这显然是不符合办报的初衷的；另一方面，如果这样做的话，由于引起政府的警觉、恼怒和敌视，会使那些在宪法范围内吃力地逐步争取自由的具有自由思想的实

① 马克思恩格斯全集：第 47 卷［M］. 北京：人民出版社，2004：35.

际活动家们处于被动的地位，而且会使他们感到报纸是在脱离实际的情况下、坐在抽象概念的安乐椅上来指摘他们的活动的缺点和矛盾。这不仅会破坏人们在现有条件下获取自由的希望和活动，而且会惹恼具有自由思想的实际活动家们，使他们迁怒于报纸，这显然不利于报纸的生存和发展。因此只有当政治问题已经成为全社会普遍意识到的现实的国家问题的时候，报纸才可以去谈论。其次，为了避免报纸遭到严格的书报检查甚至查封，为了更恰当地表达政治诉求，必须坚持由《莱茵报》编辑部来引导"自由人"团体之类的撰稿人，而不是由"自由人"团体之类的撰稿人来指挥《莱茵报》的编辑部，因为相比编辑部，撰稿人是难以掌握全局和了解实际情况的。

（二）第二封信

在马克思担任《莱茵报》编辑期间，由于无法忍受青年黑格尔派不切实际的关于人的解放和自由的空论以及其行为方式，于 1842 年 11 月底，他在《莱茵报》上发表了《海尔维格和卢格对"自由人"的态度》一文以公开表明自己对"自由人"团体的批判态度和不同立场。这成为马克思与"自由人"团体决裂的标志。同时，马克思于当月 30 日给卢格写了第二封书信。在这封书信中，马克思只谈了一个问题，那就是他与"自由人"团体"纠纷"的具体原因。这种"纠纷"主要是围绕《莱茵报》办报方针以及探寻政治自由的实现方式而产生的。首先，"自由人"团体不切实际的关于自由的空谈不符合作为政治刊物的《莱茵报》的实际需求。"自由人"团体寄给《莱茵报》的文章都是一些自命能扭转乾坤而实质上却思想贫乏的毫无价值的文章。一些作者根本就没有研究过共产主义，却在文章中点缀着些许无神论和共产主义，缺乏严谨的态度。所以马克思批判道："这些作品不是从自由的，也就是独立的和深刻的内容上看待自由，而是从无拘无束的、长裤汉式的且又随意的形式上看待自由。我要求他们：少发些不着边际的空论，少唱些高调，少来些自我欣赏，多说些明确的意见，多注意一些具体的事实，多提供一些实际的知识。"①例如，对于共产主义这样的新世界观应该以切实的、严谨的方式来讨论，否则就是一种不适当的甚至不道德的行为。对于批判宗教的问题，不应该在批判宗教当中来批判政治现实，而应该在批判政治现实当中来批判宗教，因为宗教的根源不在天上而在人间，它本身是没有任何实际内容和规定的，"随着以宗教

---

① 马克思恩格斯全集：第 47 卷 [M]．北京：人民出版社，2004：42．

为理论的被歪曲了的现实的消失，宗教也将自行消灭"①。所以，喜好空谈的"自由人"团体的文章必然不符合马克思为《莱茵报》这样的政治刊物所确立的注重现实的特色。因此，正是由于这种务实的态度以及对于"自由人"团体关于自由的空论的厌烦，马克思承认道：在报刊因严厉的书报检查而常常不能出版的情况下，他自己撤掉"自由人"团体的文章不比书报检查官撤掉的少。其次，现实的外部压力使作为政治刊物的《莱茵报》不适宜采用"自由人"关于自由的文章。马克思在担任编辑期间，为了抵制专制和捍卫自由的信念，除了要忙于同部里同仁的通信，还要忍受和应对书报检查的盘查、省议会的非难、总督的责难、股东的埋怨、与《科隆日报》《总汇报》的论战等外部压力，因此，对于马克思而言，维持《莱茵报》的有效运转就变得异常艰辛。在这种情况下，"自由人"团体那种自我炫耀的空谈显然既不符合报刊的本质，更不符合读者的教育水平和实际需求。对于这一点，"自由人"团体的成员不仅没有给予必要的理解，反而产生了不合理的埋怨。而且由于上任编辑平庸和缺乏独立性，使"自由人"团体已经习惯于将《莱茵报》作为自己发表空谈的机关报，这一切令马克思认识到为了拯救作为政治刊物的《莱茵报》，有必要而且必须"牺牲"喜好吹牛的、自我夸耀的"自由人"团体。

尽管在马克思的艰辛付出和努力下，《莱茵报》取得了发行量剧增、影响力日渐上升、畅销全国的巨大成功；然而，由于《莱茵报》的反政府的革命民主主义倾向日趋明显，最终激怒了普鲁士政府而遭到了查封。在查封之前，马克思迫于普鲁士政府的巨大压力，感到在这缺乏自由的国家里"呼吸困难"，并且为了尽最后的力量挽救《莱茵报》，被迫于1843年3月17日在报纸上发表了辞职声明："本人因现行书报检查制度的关系，自即日起，退出《莱茵报》编辑部，特此声明。"②

总体来看，马克思与柏林的"自由人"团体的决裂并不代表与青年黑格尔派在思想上的彻底决裂，仅仅是与青年黑格尔派在思想上彻底决裂和开创新哲学的一个萌芽阶段。这表现在两方面，一是此时期马克思与"自由人"团体的分歧仅仅在于实现自我意识自由的方式上，而不在于对自由本身的理解上。也就是说，此时期马克思在整个思想上依然局限于自我意识自由，只是反对"自由人"团体以不切实际的、非务实的方式空谈自由。二是在新闻工作

① 马克思恩格斯全集：第47卷［M］. 北京：人民出版社，2004：43.
② 马克思恩格斯全集：第1卷［M］. 北京：人民出版社，1995：445.

期间，尽管马克思对自由本身的理解总体上局限自我意识自由，但是随着社会生活现实问题尤其是物质利益和等级制度以及共产主义对其自我意识自由的信仰的巨大冲击，使其对自我意识自由及实现之的方式，即理论批判对于实现人的自由的合理性和可行性产生了质疑，进而一定程度地意识到有必要对自己所信奉的自我意识自由哲学进行反思性地批判。因此这种"冲击"为马克思后期彻底清算青年黑格尔派与黑格尔哲学，转向探寻人的现实自由之路，即探寻现实自由及实现之的方式做了理论性和实践性的准备。因此，以下两节将选取马克思此时期的几篇具有代表性的政论文章进行必要的梳理和解读，以期对上述所言的思想特色有较为充实的把握。马克思在新闻出版工作期间所写作的三十多篇重要的政论文章的价值，就如列宁所言："从这些文章可以看出马克思开始从唯心主义转向唯物主义，从革命民主主义转向共产主义。"①

第二节　以自由理性为旗帜批判政治现实

在从事新闻出版事业的过程中，马克思高举自由理性的旗帜，认为新闻出版事业、国家和法律应是自由理性和人民精神的体现，因而对于作为基督教国家的普鲁士进行了客观的、辛辣的理论批判，揭露了普鲁士利用包括书报检查制度在内的一切国家制度来限制甚至损毁自由理性和人民精神的虚伪性和反动性。

一、书报检查制度是对自由理性的取消和剥夺

针对普鲁士政府为了限制新闻出版自由、推行文化专制主义而颁布的新书报检查令，马克思于 1842 年 2 月初到 2 月 10 日为卢格所创办的青年黑格尔派的重要期刊《德意志年鉴》撰写了一篇重要却由于其激进的论调而未能发表的论战性文章，即《评普鲁士最近的书报检查令》，这篇杰出的文章因其强烈的时政性和批判性标志着马克思已由过去的学术型的学者转向研究社会现实问题的实践者。在此文中，马克思通过多个方面详细地分析了普鲁士政府在书报检查行为上的逻辑矛盾以揭露书报检查制度乃至整个国家制度的虚伪性和反动性，从而论证了新闻出版自由的合理性和必要性，进而论证了自由理性的神圣

---

①　列宁全集：第 26 卷［M］．北京：人民出版社，1988：83.

性和不可侵犯性。以下则是从几个具有代表性的方面展示马克思在该文中对于普鲁士政府书报检查行为上的逻辑矛盾的揭示。

（1）既然普鲁士政府所颁布的新的书报检查令中明确提出该法令的目的是为了使新闻出版事业摆脱那些未经许可的非法的"限制"，那就说明新法令之前的书报检查在行为上是非法的，而且说明新法令含有内在的逻辑矛盾，即新法令所谓的"限制"是针对法律而言，还是针对书报检查官而言？如果是针对书报检查官，那就证明检查官之前对新闻出版事业的干预是没有法律根据的非法活动。这不仅会败坏官员的名誉，也会损伤国家的英明，因为一贯以自己的行政机关而自豪的普鲁士国家是不可能盲目地选拔出无能的和不负责的人担任书报检查要职的。如果这种所谓的限制是针对法律的，那就说明新法令之前的书报检查官的行为之所以非法是由法律本身造成的，因此法律是不中用的，这更证明了书报检查制度本身在根本上潜藏着凭借任何新法律都难以消除的内在缺陷，因此普鲁士政府寄希望于法律去消除法律本身产生的祸患是显然矛盾的和无望的。既然如此，普鲁士政府却依旧颁布了新书报检查法令，并将书报检查过程中出现的问题归咎于个别官员，这种行为实质上是在迫不得已的情况下营造出的一种改善的假象。所以，普鲁士国家常常为了维护国家制度的存在，将由制度本身造成的客观问题归咎于具体的官员，这样可以制造一种改善的假象而转移公众的注意力，这种方式实质上是一种彻头彻尾的虚伪自由主义，即"在被迫让步时，它就牺牲人这个工具，而保全事物本身，即制度。这样就会转移从表面看问题的公众的注意力。对事物本身的愤恨就会变成对某些人的愤恨"①。当政府这样牺牲某个官员时，某些人就受到迷惑并天真地以为问题得到了彻底的解决，将注意力转移到遭到牺牲的特定官员身上，而实际上事物的本质并没有发生改变，制度所产生的客观问题依然存在。因此，当普鲁士政府将书报检查制度本身所产生的问题归咎于个别的书报检查官时，就意在营造一种虚假的改革氛围；同时，国家豢养的以及盼望被国家豢养的卑劣文丐们就会表现出奴颜婢膝的面目，他们根据官方的眼色行事，放心大胆地反对和非难那些遭到政府冷遇的、不再受政府宠幸的、被政府无情抛弃的官员，而对现政府则称颂备至、歌功颂德。因此，这种力图用更换和牺牲个别官员的方式来营造改善假象进而保障制度原状的做法是荒谬绝伦的，只能证明书报检查制度骨子里有着难以克服的缺陷和不合理性。

---

① 马克思恩格斯全集：第 1 卷［M］. 北京：人民出版社，1995：109.

（2）质疑普鲁士政府对于新闻出版事业的从业者所提出的应以"严肃"和"谦逊"作为真理探讨标准的要求。普鲁士政府关于真理探讨的这两个规定本身不是以事物的内容而是以事物的内容以外的、被指定的形式即主观态度作为书报检查的标准，这一开始就使"探讨"本身脱离了事物本身和真理，反而是对追求真理的自由理性的抹杀。首先，就"谦逊"规定而言，一是"真理是检验它自身和谬误的试金石"①，因此真理像光一样不会"谦逊"，而"谦逊"的规定实质上是对于真理恐惧和预防的标志；二是真理具有普遍性，即它不为任何个人所独占，它是为大家所共有的，因为同一个对象及其各个不同的方面对不同的个人而言有着不同的且多样的主观反映，因此每个人对于真理具有构成其精神个性的独特形式。也就是说，每个人对真理都有体现自己个性的独特的理解方式和表达风格。但是，"谦逊"的规定强制人们不能用自己独有的风格去写作和表达自己的精神面貌，而是用规定的"谦逊"风格去写作，这本身就是对追求真理的自由精神的遮蔽。因为，精神是世界中最为丰富的东西，它像太阳照耀露水而发出的万色光芒一般使不同的个体具有多样的色彩，它的实质就是真理本身，因此它不能也不应该只具有一种存在形式即官方指定的"谦逊"规定。即使要按照谦逊的规定，那也应该是真正的谦逊即"精神的谦逊总的说来就是理性，就是按照事物的本质特征去对待各种事物的那种普遍的思想自由"②。因此，对于真理的探寻应是在思想自由和独立的前提下，使真理的探讨的方式和途径是真实的、合乎真理的即以对象的性质为依据并随着对象的性质的改变而改变，这样才能保证按照事物的本来面目认识事物，从而使探讨的结果合乎真理。其次，就"严肃"规定而言，严肃如果是肉体为遮掩灵魂的缺陷而表现出的一种虚伪的姿态，那么这所谓的"严肃"规定本身就是不严肃，本身具有虚伪性；严肃如果是指注重实际、使事物本身凸显，如对可笑之事采取应该给予的可笑态度，那么所谓的严肃规定就变成了多余的规定。因此"谦逊"和"严肃"的规定本质上是不固定的、相对的概念和具有任意性的标准，是以对真理的抽象理解和亵渎为出发点的，其结果是使对真理探讨的命运完全凭书报检查官的脾气来决定。这既损害了探讨真理的主体的自主权利，也因遮蔽客体的性质而损害了客体的权利。最后，普鲁士政府之所以做出"谦逊"和"严肃"的规定实质上是要表明政府自身就是真理

---

① 马克思恩格斯全集：第1卷 [M]. 北京：人民出版社，1995：110.
② 马克思恩格斯全集：第1卷 [M]. 北京：人民出版社，1995：112.

的唯一拥有者，而书报检查令代表着真理，即"凡是政府的命令都是真理，而探讨只不过是一种多余又麻烦的、可是由于礼节关系又不能完全取消的第三者"①。因此，普鲁士政府的理智就是国家的唯一理性，而新闻出版事业所具有的理智对真理的探讨是多余的和无权的；而政府对探讨所做的以上规定的真实目的就是力求新闻出版事业的从业者明确政府允许其存在的恩典，从而力求其对政府始终持有谦逊而又恭顺、严肃而又乏味的阿谀奉承形式，即成为政府禁锢思想自由的御用工具。然而，当作家按照官方要求表达思想时，实质就是一种奴颜婢膝式的强颜欢笑。因此，书报检查令这种通过规定以谦逊和严肃为标准的探讨方式所得到的真理不是真实的真理，而是虚假的真理，这实质上是对新闻出版自由的取消和剥夺。

（3）书报检查令体现了普鲁士国家的基督教性质。首先，书报检查令中有着关于禁止用轻佻的、敌对的方式攻击基督教或某一教理的规定，这个规定的真实目的是禁止对基督教的任何攻击，从而保护基督教，然而，这个规定中有着与其目的相悖的反宗教的因素。禁止用轻佻和敌对的方式攻击基督教的规定表明似乎可以对基督教进行某些其他方式的攻击，这本身与根本不允许攻击基督教以保护之的目的相悖。因此，这个规定折射出了普鲁士本质上是基督教国家，其自身有着不可克服的矛盾，即"政治原则和基督教宗教原则的混淆已成了官方的信条"②。一方面，这种"混淆"造成了基督教内部教派之间的分裂，致使国家应该是政治理性和法的理性的实现的要求竟然是由基督教本身内部教派提出，禁止宗教原则进入政治领域，显然，这是与希冀信仰而非自由理性成为国家支柱的国家目的相冲突的；另一方面，国家如果继续允许宗教进入政治领域，但是又要求宗教按照世俗的方式出现，不允许宗教决定政治事务，这本身又是反宗教的，因为要和宗教结合在一起就必须让宗教在一切事务上有决定权。其次，这种具有基督教国家性质的书报检查令将是否破坏了宗教的"礼仪、习俗和外表礼貌"等外在形式与是否具有善良道德"倾向"作为书报审查的道德评判标准，这种道德评判标准显然具有荒谬性。一是道德与宗教是对立的，"道德的基础是人类精神的自律，而宗教的基础则是人类精神的他律"③。因此，将遵守礼仪、习俗和外表礼貌作为道德的评判标准是道德退

马克思现实自由思想的缘起探究

---

① 马克思恩格斯全集：第1卷［M］. 北京：人民出版社，1995：113.

② 马克思恩格斯全集：第1卷［M］. 北京：人民出版社，1995：118.

③ 马克思恩格斯全集：第1卷［M］. 北京：人民出版社，1995：119.

化的表现。二是追求"倾向"的法律因没有规定客观标准而是具有任意性的法律。行为本身是个人要求生存权利和现实权利的唯一东西，因此个人对于法律之存在的根据是其行为而非思想。也就是说，个人成为法律的对象是因其行为而非思想。但是，追求倾向的法律不以行为本身而以思想和观念作为主要标准，它不仅因人的行为而惩罚人，更因怀疑人的思想而惩罚人，这实质上是取消了公民在法律面前的平等原则，是对非法行为的公开认可，使法律成了维护特权与制造分裂而非促进团结的法律，因此这种法律是危害人的基本生存的具有反动性和恐怖主义的法律，而作家则成为这种恐怖主义的牺牲品。同时，追究倾向的法律是以无思想和无道德而追求实利的国家观为基础的，这致使政府用双重的尺度来衡量事物：一方面，它痛斥和惩罚违反法律的行为；另一方面，它又在做着违反法律的事情并将其美化为合法。或者，一方面要求人们遵守法律，另一方面却又要求人们遵守抛弃法律而以任意替代法律的制度。因此"政府所颁布的法律本身就是被这些法律奉为准则的那种东西的直接对立面"①。

（4）新的书报检查令要求报刊编辑的任命必须由书报检查机关来批准，且以学术才能、地位和品格作为任命编辑的标准。首先，值得质疑地方是书报检查官本身是否具备学术才能和品格。如果具备，那一定是高于作者的学术才能和品格。既然如此，为何不用这批人数众多和博学多才的书报检查官来代替作者，这样不用颁布书报检查制度就可以消除报刊中的一切混乱现象。而且选任书报检查官的选拔者们一定又具有更高的才能和品格，这样"在这种博学多才的官僚的阶梯上登得越高，接触到的人物也就越令人惊奇"②。显然，书报检查官不具备审查书报和选任编辑的能力。其次，既然将学术才能、品格与地位一起作为决定编辑人选的标准，那么这说明在书报检查官看来，学术才能和品格是极其不确定的东西，而地位才是确定的东西。在检查官眼里，地位似乎是证明和丈量学术才能和品格在社会中的高低水平的确定保障和标准，是学术才能和品格借以在社会中体现的外在形式。这样地位就必然成了书报检查官在实际选择编辑的过程中唯一采用的决定性的标准，而学术才能和品格则形同虚设。然而，地位实际上是纯粹个人的、偶然性的东西，其不应也不能作为编辑的选拔标准。最后，关于书报检查官的任用标准没有在法令中做出任何客观

① 马克思恩格斯全集：第1卷 [M]. 北京：人民出版社，1995：122.
② 马克思恩格斯全集：第1卷 [M]. 北京：人民出版社，1995：128.

的规定，即使有也是一些如"慎重"或"洞察力"这种模棱两可的标准。因此，新的法令是一种具有任意性的法令，它使书报检查官个人的主观意见成了绝对标准，这是独断和专横的表现，其造成的结果只能是体现思想自由的新闻出版自由受到个人意见的专断和左右而失去其按照事物本身探寻真理的本性。

因此，书报检查制度是没有任何客观标准的具有任意性的制度，其"本质是建立在警察国家对它的官员抱有的那种虚幻而高傲的观念之上的。公众的智慧和良好愿望被认为甚至连最简单的事情也办不成，而官员们则被认为是无所不能的。这一根本缺陷贯穿在我们的一切制度之中"①。因此，为了实现新闻出版自由和思想自由，应该而且必须废除书报检查制度，即"整治书报检查制度的真正而根本的办法，就是废除书报检查制度，因为这种制度本身是恶劣的"②。

二、新闻出版自由和法律是自由理性和人民精神的体现

马克思于 1842 年 3 月 26 日至 4 月 26 日写了《第六届莱茵省议会的辩论——关于新闻出版自由和公布省等级会议辩论情况的辩论》。这篇文章成了他在《莱茵报》上首篇发表的论战性的政论文章。对于这篇文章，马克思曾在 1842 年 4 月 27 给卢格的信中写道："借辩论新闻出版问题之机，我又从另外的角度来重新论述书报检查和新闻出版自由的问题。"③ 马克思这里所强调的"另外的角度"并非仅仅局限于自由理性的角度来考察新闻出版自由问题，而是着眼于社会等级制和人民利益的角度来考察新闻出版自由问题，这相比他在《评普鲁士最近的书报检查令》中站在自由理性的立场来揭露书报检查制度的内在逻辑矛盾的视角更为坚实，具有一定的唯物主义成分。但是，不可否认，马克思涉及等级制和人民精神的目的依然是为自由理性的彰显而服务。

（一）新闻出版与法律的本性在于保障自由理性和人民精神

任何生物尤其是具有理性精神的人不是戴着镣铐来到这个世界的。自由理性是人与生俱来的具有绝对性的本性，是人的全部精神存在的类本质，是具有普遍性的人民精神，而法律和新闻出版自由是自由理性和人民精神的肯定存在。

① 马克思恩格斯全集：第 1 卷［M］. 北京：人民出版社，1995：133.
② 马克思恩格斯全集：第 1 卷［M］. 北京：人民出版社，1995：134.
③ 马克思恩格斯全集：第 47 卷［M］. 北京：人民出版社，2004：29.

首先，法律的本性在于肯定人民的自由而不是否定人民的自由。国家法律的本性和存在的价值不在于限制甚至剥夺人民精神和自由理性，而在于切实地保障人民精神和自由理性得到有效的、合理的表达。也就是说，法律不是压制自由的手段和措施，而是自由的肯定存在，即"法律是肯定的、明确的、普遍的规范，在这些规范中自由获得了一种与个人无关的、理论的、不取决于个别人的任性的存在。法典就是人民自由的圣经"①。因此，法律按其保障人的自由的本性而言必须保障新闻出版自由，然而，书报检查制度却是在限制甚至扼杀新闻出版自由，因此它纵使作为一种法律而存在也因其遮蔽和损害人的自由而成为与法律保障人的自由的本性相悖的、不合法的法律。

其次，新闻出版自由是人展现自由理性的领域和不可剥夺的权利，即"新闻出版自由本身就是观念的体现、自由的体现，就是实际的善"②。新闻出版自由体现人的自由理性的原因在于三个方面：一是新闻出版事业是个人精神存在的最直接、最有效的自我实现方式，是个人精神自由的最普遍的存在证明和自我表现方式。新闻出版事业不为任何个人和集团所左右，它唯一尊重的就是理性和事实。二是新闻出版自由具有人民性，代表着人民精神的普遍权益，是具有普遍性的国家精神。新闻出版自由代表着人民精神，是人民精神的英勇喉舌和公开表露，是人民洞察一切的慧眼，是人民自我信任的体现，是人民自我审视、自我忏悔的一面镜子；是将作为个体的个人与作为整体的国家和世界相联系的"有声的纽带"，"是使物质斗争升华为精神斗争，并且把斗争的粗糙物质形式观念化的一种获得体现的文化"③。三是新闻出版自由作为自由理性的体现能够为现实世界不断地注入新的生机和活力，即"自由报刊是观念的世界，它不断从现实世界中涌出，又作为越来越丰富的精神唤起新的生机，流回现实世界"④。但是，普鲁士的统治阶级要求新闻出版代表自己的特殊利益，反对新闻出版体现自由理性和人民精神。也就是说，自由报刊所具有的人民性和它所具有的使自身体现人民性的历史个性是有悖于普鲁士的所有诸侯等级的"心意"的，因为他们希望和要求本国报刊甚至所有国家的报刊是代表他们的特殊利益的报刊，是隶属于"上流社会"的报刊，是围绕权贵阶层及其代表人物旋转而不是围绕人民和民族旋转的报刊。因此，实质上，普鲁士政

---

① 马克思恩格斯全集：第 1 卷 ［M］. 北京：人民出版社，1995：176.
② 马克思恩格斯全集：第 1 卷 ［M］. 北京：人民出版社，1995：166.
③ 马克思恩格斯全集：第 1 卷 ［M］. 北京：人民出版社，1995：179.
④ 马克思恩格斯全集：第 1 卷 ［M］. 北京：人民出版社，1995：179.

府本质上是不代表人民利益的、为特权等级或权贵等级服务的反动政府，它往往将自己的特殊意愿上升为虚幻地体现人民意愿、具有愚民性质的诸如书报检查制度的国家政策和法令，而这造成的结果只能是"政府只听见自己的声音，它也知道它听见的只是自己的声音，但是它却耽于幻觉，似乎听见的是人民的声音，而且要求人民同样耽于这种幻觉。因此，人民也就有一部分陷入政治迷信，另一部分陷入政治上的不信任，或者说完全离开国家生活，变成一群只顾个人的庸人"①。面对普鲁士政府的反对性和虚伪性，新闻出版事业应按其体现自由的本性而存在和发挥作用。新闻出版有义务代表人民精神和人民利益，抵制书报检查制度，避免自身沦为统治阶级维护自身利益而压制人民的毫无价值的统治工具，因为如果"服从书报检查制度，就像专制政体下面人人一律平等一样，虽然不是在价值上平等，但是在无价值上是平等的"②。

（二）等级制限制了自由理性和人民精神

在这篇论战性的政论文章中，马克思将新闻出版自由问题与等级制联系起来，指出不同的社会等级皆根据自身等级的特殊利益来看待书报检查制度和新闻出版自由问题。"在形形色色反对新闻出版自由的辩论人进行论战时，实际上进行论战的是他们的特殊等级"③，因此，在这里进行着激烈论战的不是单一的个人而是个人所归属和代表的整个的特殊等级。等级制度造成了人们对于新闻出版自由的观点和行为的差异：作为特权等级的诸侯等级和骑士等级的代表们不仅认为自由不是体现整个人类本性的普遍自由而是仅仅归属于特权等级的特殊自由，而且认为普遍理性和普遍自由是于他们有害的，因此他们认为允许新闻出版自由将会损伤他们的特权，故而他们坚决反对新闻出版自由而拥护书报检查制度。城市等级的代表们从新闻出版盈利的角度将新闻出版自由贬低和混同为一种行业自由，因而一定程度地带有妥协性地支持新闻出版自由和反对书报检查制度。农民等级的代表们认为书报检查制度是对人的普遍自由权利的压制，是逆历史潮流的不合理制度，因而支持新闻出版自由以捍卫人民的普遍自由和利益，这得到了马克思的赞赏。

针对反对和低估新闻出版自由的观点，马克思指出自由是普遍存在的，追求自由是人所固有的本性，但是由于等级制的存在使自由丧失了普遍性而具有

① 马克思恩格斯全集：第1卷［M］. 北京：人民出版社，1995：183.
② 马克思恩格斯全集：第1卷［M］. 北京：人民出版社，1995：195.
③ 马克思恩格斯全集：第1卷［M］. 北京：人民出版社，1995：155.

了等级性、有限性和特殊性。也就是说，特权等级、城市等级相互之间反对对方以维护自身的特殊利益和特殊自由。"自由确实是人的本质，因此就连自由的反对者在反对自由的现实的同时也实现着自由……没有一个人反对自由，如果有的话，最多也只是反对别人的自由。可见，各种自由向来就是存在的，不过有时表现为特殊的特权，有时表现为普遍的权利而已。"①

因此，马克思从类与种的辩证关系的角度来反对导致自由丧失普遍性的等级制。首先，自由有两种形式，即普遍自由和特殊自由，两者的关系是类与种的关系：种归属于类，并由类决定。无论是特权等级还是城市等级，对于新闻出版自由的看法都是本末倒置的错误做法。

一是特权等级将自己的特殊自由冒充为普遍自由的做法，以及支持维护其特殊自由的书报检查制度，来限制甚至消除作为普遍自由的具体表现方式——新闻出版自由的做法是不合理的。因为书报检查制度维护是特权等级的特殊自由，属于种的自由；而新闻出版自由是人民精神和普遍自由的彰显和实现，属于类的自由。如果类是坏的，那么种必然也是坏的；如果类必须被取消存在，那么种也必然不应再保持存在。所以，问题不在于新闻出版自由是否应当存在，因为按照新闻出版自由的内在本质其理应而且向来存在着。问题在于新闻出版自由是整个人民精神的特权，还是个别人物或特权等级的特权；问题在于是否应当以人民的无权即牺牲普遍自由作为实现个别人物或特殊等级的有权即拥有特殊自由的代价和前提；问题在于反对人民精神的个别人物或特权等级的特殊自由是否比彰显整个人民精神的普遍自由享有更多的权利，显然，答案是不言自明的。然而，普鲁士政府妄图用维护特权等级的特殊自由的书报检查制度来限制甚至消除代表人民普遍自由的新闻出版自由的做法，是违背人民的普遍自由与普遍利益的，是对人民的自由的无情的摧残和扼杀。结果，只能是"由于人民不得不把具有自由思想的作品看作违法的，因而他们就习惯于把违法的东西当作自由的东西，把自由当作非法，而把合法的东西当作不自由的东西。书报检查制度就这样扼杀着国家精神"②。

二是城市等级将代表普遍自由的新闻出版自由降低为具有有限性的特定的行业自由的做法显然是错误的。尽管行业自由与新闻出版自由都是同一个类即"一般自由"的特定的不同种，但是，如果用行业自由来要求新闻出版自由，

---

① 马克思恩格斯全集：第 1 卷 [M]. 北京：人民出版社，1995：167.
② 马克思恩格斯全集：第 1 卷 [M]. 北京：人民出版社，1995：183.

那就是犯了只看到同属一类的不同种的共性而忘记不同种之间的差异以致将一定的种作为衡量其他一切种的尺度的错误。而且新闻出版自由是普遍自由的较高级的权利形式，而行业自由则是普遍自由的较低级的权利形式，只有前者可以证明后者，而后者却不能证明前者，因为如果将后者作为衡量前者的尺度和标准，那就是犯了用低级形式证明高级形式的错误，致使在一定限度内合理的规律被歪曲为谬误。因此，城市等级将代表普遍自由的新闻出版自由降低为具有有限性的特定的行业自由的做法本身就是对人民精神和自由理性的亵渎。其次，人的自由权利不仅是多样的，而且是相互关联的，如果其中一种具体的自由形式受到了影响和损害，那么与之相关联的其他的具体的自由形式也必将受到影响和损害。也就是说，正如身体的各个部分相互影响和相互制约着一样，自由的每一种具体形式都影响和制约着另一种具体形式。一旦某种具体的自由形式成了问题，那么"整个自由"本身都将出现问题而形同虚设，这时"不自由"将很有可能在某个领域甚至各个领域内占据统治地位，结果"不自由成为常规，而自由成为偶然和任性的例外"①。因此，当涉及普遍自由的特殊存在即新闻出版自由时，如果将新闻出版自由问题归结为特殊问题，那就是错误的观点，因为自由终归是自由，它在任何特殊领域内都是一般问题。因此当新闻出版自由受到书报检查制度的限制和损害时，人的整个自由本身就受到了损害而难以实现。一旦如此，长久地忍受奴隶滋味的人民就会为了滋味甘美的自由，自觉地用"矛头"和"斧子"为自由而战斗，从而打破不合理的国家制度。而这一点已由英国历史非常清楚地证明："来自上面的神的灵感的论断如何产生了同它正好相反的来自下面的神的灵感的论断；查理一世就是由于来自下面的神的灵感才走上断头台的。"②

不难发现，在这篇文章中，马克思依然站在自我意识哲学的立场，以反对书报检查制度和追求新闻出版自由作为追求人的自我意识自由或自由理性的理论和实践的切入点，践行了博士论文中关于"自我意识自由必须在定在中实现"的原则。更为重要的是，马克思的思想中唯物主义的成分已初露端倪，这表现在两方面：首先，他在考察作为自由理性的实现的新闻出版自由问题时着眼于等级代表制，这表明他不仅初步触及了社会结构这一重大问题，而且明晰了等级制对于政治机构以及人们的政治行为和政治意识的影响；其次，他将

①　马克思恩格斯全集：第 1 卷［M］. 北京：人民出版社，1995：201.
②　马克思恩格斯全集：第 1 卷［M］. 北京：人民出版社，1995：168.

新闻出版自由归结为体现人民精神的普遍自由而非某个特权人物或等级的特殊自由的观点，不仅是对他中学毕业作文中为全人类整体谋取福利的理想的延续和落实，更是他后期所形成的无产阶级观和人民群众观的开端和萌芽。但是，需要明确的是，马克思此时在总体上依然是站在自由理性的角度论述新闻出版自由对精神自由的价值，并有着一定程度的理想主义色彩：尽管他触及了等级制背后所隐藏的具体的物质利益之间的斗争，即他承认"人们为之奋斗的一切，都同他们的利益有关"①，但是他认为物质利益是具有特殊性的狭隘利益，阻碍了各等级之间的相互融合和认同以及对新闻出版自由的拥护，所以他一定程度地贬低物质利益并称其为"细小的理由"，而且认为利益不应也不能仅仅局限于物质利益这种"'细小的'……不变的利己的利益"②，利益还应该有普遍性的一面，即作为普遍利益和普遍自由的自由理性和人民精神及其实现方式新闻出版自由，而狭隘的物质利益是难与其相提并论的。因此，马克思认为新闻出版自由作为普遍自由的实现可以化解各种具体物质利益之间的斗争，实现各等级之间以及国家和个人之间的融合。正是基于这种具有一定程度的理想主义的观念，马克思在该文接近结尾处写道：回顾省议会关于新闻出版自由这一问题的全部辩论过程，就会发现整个过程充满了无聊乏味和令人不快的印象，之所以会有这种印象的原因在于议会代表们只是纠结和摇摆于顽固到底的、强硬的特权和与生俱有软弱无力和妥协性的不彻底的自由主义之间，致使整个辩论过程完全不存在体现人民精神和自由理性的普遍的、广泛的观点，结果新闻出版自由这一问题被粗暴地、轻率肤浅地抹杀了。因此，马克思以反问的口气质问："我们再一次反问自己：难道新闻出版同等级代表们相距太远，没有任何实际关联，以致他们不能以实际需要所产生的浓厚兴趣来为新闻出版自由辩护吗？"③

值得一提的是，马克思对物质利益的轻视直到《第六届莱茵省议会的辩论——关于林木盗窃法的辩论》以及《摩泽尔记者的辩护》才有所改观，并较为清醒地认识到物质利益对人们生活的重要影响。

三、哲学理应用于以自由理性为基础的国家的实现

1842 年 6 月 28 日至 7 月 3 日期间，马克思写就了题为《〈科隆日报〉第

---

① 马克思恩格斯全集：第 1 卷 [M]．北京：人民出版社，1995：187．
② 马克思恩格斯全集：第 1 卷 [M]．北京：人民出版社，1995：187．
③ 马克思恩格斯全集：第 1 卷 [M]．北京：人民出版社，1995：200．

179号的社论》的文章以反驳《科隆日报》对于《莱茵报》的传播宗教和哲学思想的污蔑及其政治的堕落源于宗教的堕落的错误观点，并由此拉开了《莱茵报》与《科隆日报》论战的序幕。在这篇文章中，马克思延续了博士论文中关于哲学世界化和世界哲学化的原则：批判了德国哲学纯思辨的、脱离实际的弊病，指出了哲学改造的根本方向在于哲学必须与现实相联系并对现实生活进行干预。也即是说，哲学应该而且必须批判世俗世界中限制人的自由的作为基督教国家的普鲁士的宗教和政治现实。因此，马克思批判了关于基督教是国家的自然基础的具有封建主义性质的国家观，并就国家与宗教两者之间的关系提出了具有唯物史观性质的观点即宗教的前提和基础是国家，宗教的发展取决于国家的发展，宗教随着国家的灭亡而灭亡；或者说，宗教的灭亡由国家的灭亡引起。例如，"不是古代宗教的灭亡引起古代国家的毁灭；相反，是古代国家的灭亡引起了古代宗教的毁灭"①。这种对现实问题的理解和批判，在马克思看来才符合哲学关注和干预现实生活的内在本质，才是哲学所应该做的事情。但是，总体而言，马克思此时的国家观依然具有唯心主义性质，认为国家必须建立在自由理性的基础之上；或者说，国家的建立应以自由理性为原则。

（一）哲学的本质在于批判现实

相比博士论文，马克思在这里明确地批判了以往哲学尤其是德国哲学的弊病即脱离实际和纯思辨的特性。德国哲学往往喜好孤寂冷静的自我审视和体系逻辑的完满，这致使它自身成为远离地面、远离普通人的一种晦涩难懂的"天国"上的学问。对于普通人而言，哲学内部所进行的那些抽象思辨的观念活动是一种不合常理的、不切实际的、对于现实生活没有任何实际指导作用的行为。因此，德国哲学就像一个在人们面前煞有介事地、自顾自地念着咒语的、故作神秘的巫师，而人们对于他所念叨的东西却根本听不懂。显然，德国哲学脱离实际、孤芳自赏的弊病与新闻报刊贴近现实、纵论时事的特点形成了鲜明对比，而这种差异对于从事新闻出版这一实践活动的马克思的重要启示意义就在于：德国哲学不应也不能再继续这种令人深恶痛绝的弊端，它应该像新闻报刊那样展露自身的真实本性即贴近现实的本性。也就是说，哲学的本质并不在于思辨而在于观照和贴近社会现实，应该在与现实世界的联系中、在实际地干预社会现实的过程中实现自身。因为，哲学家本身并不是凭空产生的，他

---

① 马克思恩格斯全集：第1卷［M］．北京：人民出版社，1995：213.

们是自身所处的时代的产物，而他们所创造的哲学思想和哲学体系是人民精神中最宝贵的精髓汇集而成的结果，是人民勤劳踏实的精神通过哲学家的头脑而构建的。因此，哲学不是游离于现实世界之外的，它是受现实世界的哺育而产生的，其基础深深植根于现实世界中。而且，哲学家必须明确的一点是"哲学在用双脚立地以前，先是用头脑立于世界的；而人类的其他许多领域在想到究竟是'头脑'也属于这个世界，还是这个世界是头脑的世界以前，早就用双脚扎根大地，并用双手采摘世界的果实了"①，因此哲学不能再继续用头脑立于世界，而应该而且必须像人类的其他领域那样用双脚立于大地之上，用自己的双手为自己的时代和人民服务。

只有如此，哲学才会迎来与现实世界融合的时代而成为真正的哲学。那时哲学将成为自己时代精神的精华，成为源于时代、反映时代、服务于时代的文化瑰宝和灵魂。也就是说，那时哲学本身不论是通过自己的内容还是通过自己的形式都将与自身所居于的时代的实物世界相互联系和相互作用，从而不再是一种与人类的其他特定领域相区别的特定领域，而是转变为现实世界的"一般哲学"，而这样的时代即是真正的世界哲学化和哲学世界化的时代。

不难理解，马克思此时对哲学必须干预实际的观点，不仅是说给当时越来越脱离实际、玩弄概念的青年黑格尔派成员听的，更是对自己提出的运用哲学以研究社会现实的历史任务。

（二）国家是自由理性的实现

基于哲学必须干预现实世界的立场，马克思指出属于人的哲学追问的是什么是真实的而不是什么是有效的，而人的本性在于追求自由，所以哲学的价值就在于关心和追寻以人的自由为内在本质的真理，而且这种追求的目标是为一切人的自由服务的，而不是为特殊利益集团或个别人物的特殊自由服务的，这就是哲学所追求的政治真理。因此，哲学的本性决定它自身不知道且不会囿于特权等级或个别人物所规定的特殊政治界线，它只知道且服务于自己的政治界线即一切人的自由。

因此，马克思提出了从哲学角度关注和研究国家所应持有的态度和方法。相比来世的智慧即宗教而言，哲学作为人世的智慧和时代精神的精华更有权去关心和研究国家问题。因此，需要关注的问题不在于哲学是否应该、是否有权

---

① 马克思恩格斯全集：第 1 卷 [M]. 北京：人民出版社，1995：220.

去探讨和研究国家问题，而在于应该如何、怎样探讨和研究国家问题。例如，是有意识地还是无意识地研究、是善意地还是恶意地研究、是有成见地还是无成见地研究等。回顾人类历史上那些哲学思想家们对于国家问题的研究的历程和成果，就会发现马基雅弗利、霍布斯、斯宾诺莎、卢梭、费希特、黑格尔等哲学家都是用"人的眼光"来考察和研究国家问题。也就是说，他们不是从宗教出发来探究和阐明国家的自然规律，而是从人的理性和经验出发来探究和阐明国家的自然规律。这种从人的理性和经验出发来研究和阐明国家问题的视角就是哲学对于国家进行"哲学研究"的方法，就是"自由理性的行为"。

基于以上所言的关于国家问题的哲学研究的方法，判定各种国家制度是否具有合理性的依据不在国家制度是否符合基督教的本质，而在于国家制度是不是自由理性的实现。因为，自由理性才是国家的本性和实质，才是人类社会的本质；而无论是在君主制国家，还是在君主立宪制国家，抑或在共和政体的国家中，尽管都生活着基督徒，但是基督教却不明白这些国家制度之间的差别，从而判定这些国家制度的好坏，它只会教导人们听命于执掌权柄者，因为任何权柄都源于神，只要国家制度符合神的意旨就是合理的国家。这显然是荒谬的，实际上这样的国家只能是最坏的国家。因此马克思将推崇国家应建立在基督教基础上的御用文人即"文丐"讽刺为"健全的"人，并对其提出了一个"二难推理"："要么基督教国家符合作为理性自由的实现的国家概念，那时，国家为了成为基督教国家，只要成为理性的国家就足够了；那时，只要从人类关系的理性出发来阐明国家就足够了，而这正是哲学所要做的工作。要么理性自由的国家不能从基督教出发来加以阐明，那时，你们自己将会承认，这样去阐明不符合基督教的意图，因为基督教不想要坏的国家，而不是理性自由的实现的国家就是坏的国家。"① 面对这个难题，那些维护基督教国家的"文丐"的理智将无能为力和无法抗拒，从而不得不承认"不应该根据宗教，而应该根据自由理性来构想国家"②。

那么，在对于国家进行哲学研究的哲学视域中，什么样的国家才是符合自由理性的国家；或者说，作为自由理性的国家应该是什么样的国家，就成为必须回答的问题。这里的"自由理性"不是个人的理性，而是整个社会、整个人类的普遍理性。所以，以往的哲学家在研究国家法时，尽管能够从"人的

---

① 马克思恩格斯全集：第1卷［M］. 北京：人民出版社，1995：226.
② 马克思恩格斯全集：第1卷［M］. 北京：人民出版社，1995：226.

眼光"来构想国家，但是这种构想不是根据社会的眼光而是根据个人的眼光来构想国家的。也就是说，是根据诸如功名心、善交际之类的个人本能或者个人理性来构想国家的，而通过这种方式所构想的国家难免具有片面性和肤浅性。相反地，现代哲学应根据人类的自由理性这一整体观念来构想国家，在这样的国家中"必须实现法律的、伦理的、政治的自由，同时，个别公民服从国家的法律也就是服从他自己的理性即人类理性的自然规律"①；还必须实现和保障人权，即"哲学是阐明人权的，哲学要求国家是合乎人性的国家"②，从而最终使国家成为相互教育的、具有理性的自由人的联合体。

因此，马克思依据自由是人类本性的原则，认为应以是否保障人的自由作为判定一个国家制度合理性的衡量标准，而要保障国家制度的合理性则应根据自由理性来构想国家。

第三节　物质利益、官僚等级制以及共产主义对自由理性的冲击

随着新闻出版实践活动的不断深入，尤其是在与物质利益、官僚等级制以及共产主义等现实问题的接触中，马克思逐渐意识到物质利益和等级制对于人们思想和行为以及国家生活的客观的重要影响，意识到以自由理性或自我意识自由为原则和目标来构想国家、批判社会现实进而实现人的自由的方式在以物质利益、等级制等客观因素为内容的现实世界面前显得苍白无力。而就在马克思对于自由本身以及实行之的方式陷入了思想困惑这一关键点时，历史发展的机遇为他开启了一条新的探寻自由之路——共产主义。

一、理应体现自由理性的国家沦为维护特权者私人利益的工具

在当时的德国，由于资本主义的发展，出现了大批的失地农民，他们为了生计而被迫拾捡山林枯枝。这遭到了林木所有者的反对，认为农民拾捡枯枝是在盗窃他们的财物。普鲁士政府为了维护林木所有者的特殊利益，制定并颁布了林木盗窃法，把农民拾捡枯枝的行为定性为一种盗窃林木的非法行为，以禁止和惩治拾捡枯枝的农民。针对这一不公平的法律，马克思于 1842 年 10 月写

---

① 马克思恩格斯全集：第 1 卷［M］. 北京：人民出版社，1995：228.
② 马克思恩格斯全集：第 1 卷［M］. 北京：人民出版社，1995：225.

了《第六届莱茵省议会的辩论——关于林木盗窃法的辩论》。此时，马克思第一次遇到了自由理性国家观与物质利益的冲突，因而他在该文开篇即表明此文的重要性："我们以前已经描写过省议会舞台上演出的两场大型政治历史剧，一场是有关省议会在新闻出版自由问题上的纠纷的，一场是有关它在纠纷问题上的不自由的。现在我们来到坚实的地面上演戏。"① 因此，在该文中，马克思第一次直接研究了贫民的物质生活条件，批判了普鲁士国家和法律制度以及国家机关及其官员为特权阶级的私人利益而服务的客观现象，捍卫了贫民的物质利益。显然，此时的马克思已意识到物质利益在现实生活尤其是国家生活中的巨大力量，这无疑冲击着、动摇着他对自由理性国家观的信仰。

首先，批判了普鲁士国家制度的法律对于特权者的私人利益的维护，捍卫贫民拾捡枯枝的合法权利。一是林木盗窃法站在林木所有者的立场上将农民拾捡枯枝的行为从法律上定性为盗窃的非法行为，是对两种性质上完全不同的行为的混淆。盗窃林木是侵夺他人的财产的非法行为，而拾捡枯枝是与林木所有者的财产即林木毫无关系的合法行为，因为枯枝是已经脱离了财产即林木的东西，是不被林木所占有的东西，因而枯枝本身是不属于林木所有者的财产。因此，在法律上将拾捡枯枝等同于盗窃林木实质上是对盗窃这一范畴的滥用，是不以罪行为内容的、不考虑任何行为差别的粗暴的严厉惩罚，其结果只能是对法本身的消灭，使作为法的结果的惩罚对于人民而言变得毫无效果。因此，这种将拾捡枯枝等同于盗窃林木的法律是一种表面合法而本质上与事物的法理本质对立的、颠倒黑白的合法谎言，而穷苦的农民必然成为其牺牲品。然而，真正的法律所应有且必须具备的义务在于："法律不应该逃避说真话的普遍义务。法律负有双重的义务这样做，因为它是事物的法理本质的普遍和真正的表达者。因此，事物的法理本质不能按法律行事，而法律倒必须按事物的法理本质行事。"② 二是批判特权等级的习惯法的非法本质，维护贫民拾捡枯枝行为习惯的合法性。林木盗窃法是保障林木所有者的特权习惯的法律，是与真正的体现自由和平等的"人类的法"相对立的"动物的法"。由于普鲁士封建等级制度的存在，人类的法沦为了一种将人分为若干特定的动物种属的、不体现自由和平等的"动物的法"，它以确定和保障人与人之间不平等的等级制关系以及维护特权者不劳而获的特权习惯和私人利益为己任。因此，这种法不是体现

---

① 马克思恩格斯全集：第 1 卷 ［M］. 北京：人民出版社，1995：240.
② 马克思恩格斯全集：第 1 卷 ［M］. 北京：人民出版社，1995：244.

自由和平等的真正的人的法，而是造成了人的世界的严重分裂的动物的法；而这种不追求法的人类内容而追求法的动物形式的法律在现代世界中实际上已经失去了历史现实性而成为仅仅残留着纯粹动物性的野蛮法律。因此，特权者的习惯法按其内容而言是与合理的法的概念相对立的"习惯的不法行为"，应该将其废除并惩罚特权者利用习惯法的不法行为。相反地，贫民拾捡起枯枝的行为是符合自然法则的合法的习惯。自然界也像人类社会一样存在着贫富的自然表现和实例。以枯枝和树木为例，一方是脱离了作为有机生命体的树木、跌落在地的、没有生命的枯枝，另一方则是能够充分吸收阳光、水、空气和泥土而根深叶茂的树木，这是自然界的贫富实例。自然界的贫富对立为人类社会的贫富对立中处于贫穷地位的贫民拾捡枯枝的行为习惯提供了合法的依据，因为枯枝脱离树木后作为"贫者"就不再与作为"富者"的树木存在任何有机联系。也就是说，作为"贫者"的枯枝不属于作为"富者"的树木，因而也就不属于林木所有者。既然作为"贫者"的枯枝不属于林木所有者，那么其必然属于人类社会中处于贫穷地位的贫民，因为枯枝是大自然给予在悲惨命运中挣扎着的贫民的一份维持生存的馈赠。因此，尽管贫民拾捡枯枝的习惯权利没有在封建的普鲁士国家中获得应有的法律地位，但是自然界的贫富对立与人类社会的贫富对立的对应，使拾捡枯枝成为贫民在与自然界接触的过程中自然界所给予其的天然权利，是基于自然本能的、神圣不可侵犯的合法的自然权利和习惯权利。因此，马克思大声疾呼：必须为"政治上和社会上一无所有的贫苦群众要求……习惯法，而且要求的不是地方性的习惯法，而是一切国家的穷人的习惯法……这种习惯法按其本质来说只能是这些最底层的、一无所有的基本群众的法"①。

其次，批判特权等级的私人利益对于国家制度和法律的左右。出于维护林木所有者的私人利益的目的，林木盗窃法不仅允许林木所有者要求违反法律的贫民缴纳与枯枝价值相应的一般赔偿，而且允许其自行对贫民强制收取罚金。如果贫民无力偿还赔偿和罚金，林木盗窃法还允许林木所有者通过人身处罚即强迫贫民为其劳动的方式来获取赔偿和罚金。总而言之，林木盗窃法使林木所有者对于贫民的惩罚拥有全权。这种对于一贫如洗、迫于生计而拾捡枯枝的贫民的严厉惩罚，不仅为林木所有者创造了他们所渴望的一项重要的收入来源，并且激励着他们为了最大限度地获取这项收入而进一步加剧对于贫民的盘剥；

① 马克思恩格斯全集：第 1 卷 ［M］. 北京：人民出版社，1995：248.

而且，这种将本属于国家权力范畴的惩罚权力由国家让渡给了私人即林木所有者的做法，导致了私人利益对国家权力的亵渎。也就是说，国家和法律制度以及国家机关及其官员在这种惩罚中沦为了林木所有者盘剥贫民、实现私人利益的物质手段。

尽管马克思站在自由理性的国家观和法的角度批判这种不公现象，认为特权者的私人利益对国家与法的左右是"下流的唯物主义……违反各族人民和人类的神圣精神的罪恶"①，呼吁国家制度和法律摆脱特权者的私人物质利益的左右而以自由理性为原则来构建，并且认为应该在政治层面上"同整个国家理性和国家伦理联系起来来解决每一个涉及物质的课题"②。但是，马克思又不免满怀悲愤地承认国家和法背后的物质利益的重要性，即特权等级的私人利益确实对于人们的思想和行动以及国家生活各个方面发生着重要影响：一方面，就国家制度与特权者的私人利益而言，"因为私有财产没有办法使自己上升到国家的立场上来，所以国家就有义务使自己降低为私有财产的同理性和法相抵触的手段……这里明显地暴露出私人利益希望并且正在把国家贬为私人利益的手段，那么怎能不由此得出结论说，私人利益即各个等级的代表希望并且一定要把国家贬低到私人利益的思想水平"③。另一方面，就法与特权者的私人利益而言，"法的利益只有当它是利益的法时才能说话，一旦它同这位圣者发生抵触，它就得闭上嘴巴"④。因此，当莱茵省议会中林木所有者的利益与法的理性原则发生冲突时，法的理性原则就会被毅然地牺牲掉，"结果利益所得票数超过了法的票数"⑤。所以，正是维护特权等级的私人利益和私有财产的自私逻辑即"把林木所有者的奴仆变为国家权威的逻辑，使国家权威变成林木所有者的奴仆。整个国家制度，各种行政机构的作用都应该脱离常规，以便使一切都沦为林木所有者的工具，使林木所有者的利益成为左右整个机构的灵魂。一切国家机关都应成为林木所有者的耳、目、手、足，为林木所有者的利益探听、窥视、估价、守护、逮捕和奔波"⑥。

总之，在这篇文章中，马克思在批判特权者的习惯法和维护贫民阶级的合

① 马克思恩格斯全集：第 1 卷［M］. 北京：人民出版社，1995：289.
② 马克思恩格斯全集：第 1 卷［M］. 北京：人民出版社，1995：290.
③ 马克思恩格斯全集：第 1 卷［M］. 北京：人民出版社，1995：261.
④ 马克思恩格斯全集：第 1 卷［M］. 北京：人民出版社，1995：287.
⑤ 马克思恩格斯全集：第 1 卷［M］. 北京：人民出版社，1995：288.
⑥ 马克思恩格斯全集：第 1 卷［M］. 北京：人民出版社，1995：267.

法权益的过程中实际上已经一定程度地觉察到社会的贫富对立和阶级对立，认识到私有财产的社会差别对于社会等级划分的重要作用，以及物质利益尤其是特权等级的私人利益对于国家制度和法以及国家机关及其官员的支配作用，而贫民阶级在这种维护特权者私人利益的社会中因受尽盘剥而难以实现自身的利益。同时，马克思也认识到这种类似林木盗窃法的维护特权者私人利益的非人道的、不公平的法律给社会造成了不良的结果，它引起了贫民阶级对国家和法律的失望以及对社会现状的不满，加剧了贫民阶级与特权者乃至国家的对立和冲突，一定程度地造成了社会的动荡。

二、理应体现自由理性的国家实为以官僚等级制为特征的国家

由于德国关税同盟的建立，摩泽尔地区的葡萄种植者遭受巨大的竞争压力，损失惨重，生活状况每况愈下，因此贫民们公开呼吁政府对这一贫穷状况给予处理和援助。对于这种贫困境况，《莱茵报》进行了真实的报道，然而却遭到了莱茵总督冯·沙培尔的否认，认为这是一种对政府的诽谤，而且指责其在恶意煽动社会对政府的不满和怨恨，扰乱了社会秩序，因为官方认为葡萄种植者对于贫困状况的申诉由于必然受到私人利益的影响而具有私人性质，因而其真实性和普遍性是值得怀疑的且是一种无理取闹的行为。马克思为了反驳总督的指责，计划写五篇系列文章以证明报道的真实性，但是只写了三篇，且只有一篇发表在《莱茵报》上，即写于 1842 年 12 月底至 1843 年 1 月的《摩泽尔记者的辩护》，它成了马克思在《莱茵报》上发表的最后一篇有着重要影响力的文章。在该文中，马克思论证了摩泽尔地区的贫困状况的真实性，并认为贫困状况的社会根源在于官僚等级制度，从而揭露了理应体现自由理性的国家实质上是以官僚等级制度为特征的国家。对于该文马克思曾以胜利者的满意语气评价道："这篇文章使一些身居高位的国家要人大出洋相。"[①]

在文章的开篇中，马克思首先表明了自己维护贫民物质利益的立场："谁要是经常亲自听到周围居民在贫困中发出的毫无顾忌的呼声，他就容易失去那种善于用最优美、最谦恭的方式来表述思想的美学技巧，他也许还会认为自己在政治上有义务暂时公开地使用那种在贫困中产生的民众语言，因为他在自己的故乡每时每刻都无法忘记这种语言。"[②] 接着，马克思提出了研究社会生活

① 马克思恩格斯全集：第 47 卷 [M]. 北京：人民出版社，2004：46.
② 马克思恩格斯全集：第 1 卷 [M]. 北京：人民出版社，1995：357.

和国家问题的基本唯物主义方法。他认为必须从实际出发，以客观事实而非纯理论的概念为依据进行社会研究和批判，因此对现实问题的研究不能以当事人的主观意志为根据，而要立足于客观的社会关系和客观事实，这样才能避免陷入主观臆断。如马克思写道："人们在研究国家状况时很容易走入歧途，即忽视各种关系的客观本性，而用当事人的意志来解释一切。但是存在着这样一些关系，这些关系既决定私人的行动，也决定个别行政当局的行动，而且就像呼吸的方式一样不以他们为转移。只要人们一开始就站在这种客观立场上，人们就不会违反常规地以这一方或那一方的善意或恶意为前提，而会在初看起来似乎只有人在起作用的地方看到这些关系在起作用。"①

正是基于这种唯物主义的观察视角，马克思首先指出了官方关于摩泽尔地区贫困状况不存在的调查结果是不真实的、虚假的，之所以有这样的虚假结果，原因在于两方面。一方面，要么参与调查的官员是属于内行的、同贫困人口的生活条件有过接触的官员，而贫困状况一定程度的就是由他们造成的，因此，他们不可能会毫无偏见地如实地反映该地区的贫困状况；要么参与调查的官员，尽管没有偏见且具备能够公正地判断情况的品质，但是他们对于所涉及的地区的贫困状况而言又是不内行的，所以难以如实地反映该地区的贫困状况。另一方面，官方所公布的一些关于摩泽尔地区贫困状况的资料存在前后矛盾的现象，这也表明官方关于贫困状况不存在的调查结果必然失真。

更为重要的是，对于该地区的贫困状况，马克思认为不能简单地将其看作一种私人自身造成的结果，实质上这种私人贫困状况与国家管理体制有着很大的关系。也就是说，国家管理体制本身是造成摩泽尔地区葡萄酒农贫困的主要原因，即"摩泽尔河沿岸地区的贫困状况同时也就是管理工作的贫困状况"②。这反映了国家管理原则与社会现实之间存在矛盾和冲突的关系，而这种关系的本质"就是既存在于管理机体自身内部、又存在于管理机体同被管理机体的联系中的官僚关系"③。官僚等级制度的弊病在于：一是官僚管理机构是与其管理对象市民对立的即官员的理智对抗着市民的理性，官僚在办公室里所设想的世界景象和市民用真实的证据所揭示的世界的现实景象是相矛盾的，之所以这样的原因在于官僚等级制度使官员认为"只有当局的活动范围才是国家，

① 马克思恩格斯全集：第1卷 [M]. 北京：人民出版社，1995：363.
② 马克思恩格斯全集：第1卷 [M]. 北京：人民出版社，1995：376.
③ 马克思恩格斯全集：第1卷 [M]. 北京：人民出版社，1995：377.

而处于当局的活动范围以外的世界则是国家所支配的对象，它丝毫也不具备国家的思想和判断能力"①。因此，在官僚看来，市民尤其是贫民的私人利益不能被夸大或等同于国家利益，国家利益是不必为私人利益负责的。而且，只有官员的理性是高明的、全面的、深刻的，以及基于这种理性的官方所确认的现实是真实可靠的；相反，市民的理性却是片面的、不可靠的，因而其所揭示的现实纵使已是明摆的事实也是虚构的。基于此，也就不难理解普鲁士政府对于摩泽尔地区贫困状况的否认态度以及将葡萄酒农向政府的求助视为无理取闹的态度了。但是，市民作为私人有权认为既然官僚不允许人们对其管理原则和制度的"完善性"进行怀疑，那么官僚就有义务采取必要的措施改善贫困状况，免得被人指责官员把国家利益缩小为把所有其他老百姓排斥在外的自己的私事或私人利益，因此在贫困状况问题上官僚与市民处于对立之中。二是"官僚等级制度的成规和那种把公民分为两类，即分为管理机构中的积极的、自觉的公民和作为被管理者的消极的、不自觉的公民的原则"② 致使官僚将贫困问题等社会弊病归罪于管理机构之外的原因而非管理机构本身。具体而言，之所以如此的原因在于两方面。第一，针对某个特定地区所涉及的有关国家事务的现实状况，每届政府的现任官员都会将其当作是自己的前任官员活动的结果，而且由于官僚体系内部独有的等级制度的成规和惯例，前任官员大多升官并成为现任官员的上级，再加上管理机构及其官员拥有十足的自信，认为自身相比被管理者是积极的、自觉的，所以现任官员就不可能将所涉及地区的社会弊病或问题状况归咎于自己的前任或顶头上司。第二，一方面，各个政府皆具备忠诚的国家意识，这表现在它们认为国家有着不受任何私人利益所左右的、不顾任何私人利益而必须执行和实施的管理制度和法律，因而必须忠诚地、严格地执行国家管理制度和法律；另一方面，每个地区的政府作为整个国家政府机构中的个别政府也必然受到国家统一的管理制度和法律的支配，它只有执行明确的、既定的国家管理制度和法律的义务，而没有改变管理制度和法律的权力。因此，基于这两方面的原因，政府必然不可能根据某个地区的现实情况来改革相应的管理工作，或者说政府不可能去改革自身的管理工作去适应某个地区的现实情况，而是要求被管理对象改革自身以适应现实状况以及现有的管理体制。

因此，面对摩泽尔地区普遍的贫困状况，政府由于坚信自己的管理原则是

---

① 马克思恩格斯全集：第 1 卷 [M]. 北京：人民出版社，1995：372.

② 马克思恩格斯全集：第 1 卷 [M]. 北京：人民出版社，1995：374.

完善的、好的，所以必然不会去反省这种贫困状况是由于自身不合理的官僚管理模式而造成的，因而也必然不可能去改革自身的管理工作，而只能是在现有的、既定的管理体制和原则允许的范围内勉强应对这种贫困状况。例如，政府会通过一些诸如在葡萄歉收年份豁免捐税等不必政府破费的临时性措施来暂时缓解"短期的"贫困状况，而这根本无法消除人们忍受已久的"经常性"的贫困状况；或者政府干脆通过诸如劝告农民转行等方式来要求被管理者自己拯救自己；或者限制农民原有的劳动权利和劳动范围，从而使其生活安排与现有的管理体制相适应，从而达到政府所自信的和所要求的勉强度日的生活水平。但是，当政府越是按既有的、"好的"管理模式来努力消除贫困状况，而贫困状况就越是严重的时候，它就会认定这种贫困状况是连所谓"好的"、完善的国家管理机构和原则也根本无法医治的不治之症。因此，当贫困状况这种社会弊端尽人皆知、长期存在并遍及摩泽尔地区时，官僚不会承认这是自身乃至官僚机构管理不善的结果，不会在管理机构之内而只会在管理机构之外去找寻和发现这种社会弊端的根源，即它会"把这种原因或者归于不以人的意志为转移的自然现象，或者归于同管理机构毫无关系的私人生活，或者归于同任何人都毫无关系的偶然事件"①。因此，政府由于官僚本质，必然只会把一个地方的富裕状况看作是自己治理有方的证明，而不会把一个地方的贫穷状况看作是自己治理无方的结果，只会把贫穷状况的原因归咎于官僚机构之外的因素。但是，市民认为不是地区为管理机构而存在，而是管理机构为地区而存在。因此，他们认为国家有义务消除贫困状况，并"为他们创造一个使他们能够发展、繁荣和生存的环境"② 以保障他们能够在自然和习俗所决定的条件下进行既有的劳动事业。因此，在贫困问题上，马克思认为在官僚等级制度和贫民的私人利益之间存在着不可避免的冲突和对立。

为了克服官僚等级制度和贫民之间的对立，马克思不乏理想主义地认为，缓解甚至克服这种对立的任务应该由一种中间力量即自由报刊来完成。"为了解决这种困难，管理机构和被管理者都同样需要有第三个因素，这个因素是政治的因素，但同时又不是官方的因素。这就是说，它不是以官僚的前提为出发点。这个因素也是市民的因素，但同时又不直接同私人利益及其迫切需要纠缠在一起。这个具有公民头脑和市民胸怀的补充因素就是自由报刊。在报刊这个

---

① 马克思恩格斯全集：第1卷［M］．北京：人民出版社，1995：373．
② 马克思恩格斯全集：第1卷［M］．北京：人民出版社，1995：376．

领域内，管理机构和被管理者同样可以批评对方的原则和要求，然而不再是在从属关系的范围内，而是在平等的公民权利范围内进行这种批评。"① 马克思认为自由报刊的存在可以起到沟通官方与贫民的桥梁作用，从而缓和官方与贫民之间的对立：一方面，官方通过报刊宣传和解释自己的政策法规，避免与贫民之间发生直接冲突；另一方面，贫民也可以通过自由报刊表达自己的政治观点和政治意见，使政府了解民情和民意，使贫困状况成为整个社会普遍关注和同情的对象，从而使贫民的一种特殊利益能够成为整个社会的普遍利益，进而找到减轻贫困的对策。同时，马克思认为"没有任何一个经济问题不同对内对外政策相联系"②，故而要讨论和探寻摩泽尔地区的贫困状况的原因，就必须首先能够允许社会通过自由报刊坦率而公开地讨论一切对内对外政策。

　　总而言之，在这篇文章中，马克思将摩泽尔地区的贫困状况归因于官僚等级制度的观点表明了两点：一是他发现理应体现自由理性的国家的现实状况却是以官僚等级制度为内容的，这显然是对他所信仰的自由理性的冲击；二是他对于现实问题研究的着眼点已经从物质利益扩展到官僚等级制度这种客观社会关系，已经触及了隐藏于各种社会关系背后的客观本质，加深了对社会和国家问题的认识。因此，正是由于对于物质利益和官僚等级制度的社会关系的研究使马克思由纯政治转向研究经济关系，进而走向社会主义。当然，尽管马克思将自由报刊作为克服官僚等级制度与劳苦大众之间对立的办法存在一定的理想主义色彩，但是这表明马克思已经开始从单纯的理论批判走上了为现实问题探寻解决之道的道路，而这本身应当看作马克思思想发展的一种进步表现。

三、构建科学共产主义理论以探寻一无所有的阶级的现实自由

　　早在19世纪30年代，空想社会主义已经在德国传播开来并有着一定的影响力。1842年9月底，《莱茵报》转载了赫斯的关于柏林的家庭住宅的共产主义的通讯，其中谈及了柏林地区的大量工人阶级居住条件极度恶劣、生活贫困的悲惨境遇。之后，《莱茵报》接着报道了在法国召开的斯特拉斯堡会议，即"1842年9月28日至10月9日在斯特拉斯堡召开的第十次法国学者代表大会"③，该报道介绍了会议中关于通过立法能否改善工人阶级社会地位和状况

---

① 马克思恩格斯全集：第1卷 [M]. 北京：人民出版社，1995：378.
② 马克思恩格斯全集：第1卷 [M]. 北京：人民出版社，1995：381.
③ 马克思恩格斯全集：第1卷 [M]. 北京：人民出版社，1995：1021.

的讨论，以及与会者关于社会主义和共产主义的演说。针对《莱茵报》关于工人阶级生活状况以及空想社会主义的报道，奥格斯堡《总汇报》指责《莱茵报》同情和宣传共产主义思想，即"《莱茵报》是普鲁士的共产主义者，虽然不是真正的共产主义者，但毕竟是一位向共产主义虚幻地卖弄风情和柏拉图式地频送秋波的人物"①。面对奥格斯堡《总汇报》对《莱茵报》的攻讦，马克思以写于 1842 年 10 月 15 日的《共产主义和奥格斯堡〈总汇报〉》作为回应，这是他担任该报编辑之后写的第一篇文章，而且凭此文他首次公开表明了自己对于共产主义的态度。

首先，工人阶级力量及共产主义的发展具有欧洲意义。工人阶级的贫困状况以及代表工人阶级利益的共产主义已在欧洲蔓延，因此共产主义的重要性在于它已经不是英、法等某一国家的具体问题，而是超越具体国家的、涉及整个欧洲的重要的普遍问题。

因此，关于共产主义问题的讨论牵涉了两个现实问题：一个是具有国际性的现实问题，即工人阶级的贫困的生活境况的改善是德国乃至整个欧洲必须面对和解决的重要的现实问题。所以马克思赞同《莱茵报》之前的报道中关于工人阶级的观点，即一无所有的等级即工人阶级当前的历史地位相似于法国大革命时期的资产阶级的历史地位，以及无产阶级可以通过和平而非革命的方式占有资产阶级的一部分财产，即"今天中间等级的状况就好像是 1789 年贵族的状况，当时中间等级要求享有贵族的特权，并且得到了这些特权；而今天，一无所有的等级要求占有现在执掌政权的中等阶级的一部分财产。今天中间等级在对方突然袭击方面比 1789 年贵族的处境要好些，应该期望问题会通过和平的方式得到解决"②。二是关于共产主义的讨论必然导致对于德国自身存在的极其严重的衰落状况的关注。对此，马克思精辟地概括道："最亲爱、最尊贵的奥格斯堡女人！在谈到共产主义的时候，你们使我们了解到，现在德国独立的人很少，十分之九的有教养的青年都为了自己的前途而向国家乞食；我国的河流未被利用，航运萧条，过去繁荣的商业城市失去了往日的光辉，自由的制度在普鲁士推行得缓慢无比，我国过剩的人口无依无靠地流浪四方，在其他民族中作为德国人逐渐衰亡。"③

① 马克思恩格斯全集：第 1 卷［M］. 北京：人民出版社，1995：291.
② 马克思恩格斯全集：第 1 卷［M］. 北京：人民出版社，1995：292.
③ 马克思恩格斯全集：第 1 卷［M］. 北京：人民出版社，1995：293.

然而，面对这些社会现实问题，作为普鲁士政府的喉舌奥格斯堡《总汇报》却视而不见，因此马克思批判其无耻之处就在于规避现实。也就是说，对于这些现实问题其"既没有提出任何药方，也没有做任何尝试，去'弄清实现'那能使我们摆脱这一切罪恶的伟大事业的'途径'"①；相反地，空想共产主义却至少在努力寻求这一"途径"。因此，马克思站在维护工人阶级利益的立场上，认为代表工人阶级的利益的共产主义不失为一种改善工人阶级生活境遇的解决之道。

　　其次，由于工人阶级的力量以及共产主义的发展在欧洲已经成为具有普遍意义的问题，因此当前的历史任务在于构建科学的共产主义理论以探索改善工人阶级贫困状况的道路。对此，马克思指出了重要的两点：

　　一是必须认真地对待和批判现有形式的共产主义思想，因为它依旧不具有理论上的现实性，有着脱离实际的缺点，因而应该认识到它在现实层面还不具有现实可能性，不应该过早地期望在实际上去实现它；同时，对于蒲鲁东等人的关于共产主义的思想著作应在不断深入客观的研究基础上审慎地对待，而不能像奥格斯堡那样武断地批判，即"对于像勒鲁、孔西得朗的著作，特别是对于蒲鲁东的机智的著作，决不能根据肤浅的、片刻的想象去批判，只有在长期持续的、深入的研究之后才能加以批判"②。二是基于现有的历史条件，重要的、迫切的历史任务不是去进行共产主义思想的实际试验，而是论证共产主义理论的合理性和科学性，即构建一种与各种现有共产主义理论不同的科学共产主义。因此，马克思写道："我们坚信，构成真正危险的并不是共产主义思想的实际试验，而是它的理论阐述；要知道，如果实际试验大量地进行，那么，它一旦成为危险的东西，就会得到大炮的回答；而征服我们心智的、支配我们信念的、我们的良心通过理智与之紧紧相连的思想，是不撕裂自己的心就无法挣脱的枷锁；同时也是魔鬼，人们只有服从它才能战胜它。"③

　　然而，由于当时德国的历史条件以及马克思自身理论和实际经验的局限性，这种"理论阐述"对于马克思而言还是不可能的，正如马克思所言："我们没有本事单纯用空话来解决那些正由两个民族在解决的问题。"④ 这里的"两个民族"是指英国和法国，"问题"指工人阶级如何改善自身状况以及推

---

① 马克思恩格斯全集：第 1 卷 [M]. 北京：人民出版社，1995：293.
② 马克思恩格斯全集：第 1 卷 [M]. 北京：人民出版社，1995：295.
③ 马克思恩格斯全集：第 1 卷 [M]. 北京：人民出版社，1995：295-296.
④ 马克思恩格斯全集：第 1 卷 [M]. 北京：人民出版社，1995：293.

行共产主义的现实问题。尽管此时马克思尚不能解决这一理论问题，但是重要的是构建科学共产主义理论的历史任务已经被提出，因为它成了促使马克思后期探寻人的现实自由之路的新指引，即成为推动马克思全面而深入地研究社会问题和理论问题，继而实现从革命民主主义向共产主义转变、从唯心主义向唯物主义转变的重要动因之一。

四、小结

为了更好地理解马克思的自由思想的发展历程，在此有必要对马克思至此阶段的关于自由思想的整个历程作简要地概述：中学时期，马克思仅仅喊出了要为自由而战的口号，但是他还不明确自由为什么样的自由以及通过什么方式为自由而战。到了博士论文期间，由于受到青年黑格尔派的影响，他明确了要为自我意识的精神自由而战，获取的方式则是按照其所提出的哲学的世界化和世界的哲学化的原则在定在获取自我意识自由，即通过自我意识自由哲学这一理论武器对社会现实进行理论批判来使社会现实按照符合人的精神自由的本性要求而存在和发展，这是与青年黑格尔派抽象地否定一切外在现实而进行绝对批判以获取自我意识自由的方式不同的。到了新闻工作期间，为了践行在博士论文中所确立的自我意识自由必须在定在中获取的原则，马克思基于自由理性的国家观和法学观点对社会现实问题进行理论分析和批判，如认为事物理应与概念相符合，真正的国家理应符合体现自由理性的国家概念。但是，马克思发现理论批判所运用的武器和理论批判所批判的现实对象即应然与实然之间发生了激烈的冲突和对立：他意识到了物质利益和作为客观的社会关系的等级制度对人们思想和行为的巨大影响作用，以及特殊利益而非普遍利益往往成为国家生活的主导力量，例如，普鲁士国家成为维护特权等级的私人利益而置贫困阶级的利益于不顾的工具，再加上代表工人阶级利益的空想共产主义对其思想的冲击以及构建新共产主义理论的迫切需要，等等。显然，这一切现实状况不仅不符合他所持有的自由理性的国家观和自我意识自由的哲学，而且使他感到将自由理解为自我意识自由以及实现之的理论批判方式在物质利益等社会现实面前是无力和苍白的，因此，应然与实然的对立使他陷入了对于自由本身以及实现之的方式的理解上的困惑。

问题的解答就在实践中，随着马克思在以后的理论和实践活动中对物质利益以及社会关系的客观本质等现实问题的进一步接触和研究，他开始渐渐地抛弃过去用自由理性来批判现实问题的做法，而是更加务实地着眼于现实世界，立足于社会现实来探寻自由的现实可能性，最终得出结论即精神自由的获取是以现实自由的获取为前提的，而且人们只有通过实际的行动打破绑缚在人们身上的一条条不合乎人性的现实锁链，才能实现真正意义上的自由。因此，他摒弃了以往为追求精神自由而奋斗的目标，举起了现实自由的大旗，确立了"在定在中获取现实自由"的原则，义无反顾地走上了探索现实自由的道路。这样马克思不仅在对自由本身的理解上已经由精神自由转向现实自由，而且就自由的实现方式也由过去的理论批判转向了实践批判，即通过无产阶级革命以实现人的解放。尽管马克思的这一最终转变是在《莱茵报》之后巴黎时期的"书房"中，通过全面地、深入地对于理论问题和现实问题的研究而完成的，然而《莱茵报》阶段对于马克思这种思想转变有着重要的意义，因为对物质利益、等级制度以及共产主义发表意见的难事是促使他转变自由观的直接原因。因此，《莱茵报》时期，对于马克思而言，既是他关于精神自由与现实自由何者为先的问题的纠结期，又是他由追求精神自由转向追求现实自由的萌芽期，更是他践行追求人的自由这一伟大目标的合乎逻辑的继续期和发展期。正如马克思所言："1842—1843 年间，我作为《莱茵报》的编辑：一次遇到要对所谓物质利益发表意见的难事。莱茵省议会关于林木盗窃和地产分析的讨论，当时的莱茵省总督冯·沙培尔先生就摩泽尔农民状况同《莱茵报》展开的官方论战，最后，关于自由贸易和保护关税的辩论，是促使我去研究经济问题的最初动因。另一方面，在善良的'前进'愿望大大超过实际知识的当时，在《莱茵报》上可以听到法国社会主义和共产主义的带着微弱哲学色彩的回声。我曾表示反对这种肤浅言论，但是同时在和奥格斯堡《总汇报》的一次争论中坦率承认，我以往的研究还不容许我对法兰西思潮的内容本身妄加评判。"① 恩格斯也曾说道："我曾不止一次地听马克思说过，正是他对林木盗窃法和摩泽尔河沿岸地区农民状况的研究，推动他由纯政治转向经济关系，并从而走向社会主义。"② 因此，马克思的思想转变历程表明了实践对于成就伟大思想的重要作用：伟大思想的根基不是源于"书房"而是源于现实世界。

---

① 马克思恩格斯全集：第31卷［M］. 北京：人民出版社，1998：411-412.
② 马克思恩格斯文集：第10卷［M］. 北京：人民出版社，2009：701.

第三章　现实自由思想的形成

　　从上一章内容可知，在被迫辞去《莱茵报》的编辑之后，马克思感到自己在德国不可能再做什么事情了，他认为这里的"人们自己作践自己"①，他的未来应该在国外。从 1843 年 3 月中旬退出《莱茵报》编辑部到在巴黎生活的 1844 年 8 月间，带着新闻工作期间对现实问题的思考，马克思在"书房"中先后创作和写就了《黑格尔法哲学批判》《论犹太人问题》《〈黑格尔法哲学批判〉导言》《1844 年经济学哲学手稿》等重要著作。这些著作代表了马克思思想发展历程的重要阶段，即"实现了从唯心主义向唯物主义、从革命民主主义向共产主义的转变"②。从本质上讲，这个转变过程是马克思摒弃思辨唯心主义性质的精神自由进而观照人的现实自由之路的思想形成过程：他从现实自由的尘世入口、历史承担者和必由之路等三个维度探析了在资本主义条件下异化了的人在违反人性的生活境遇中获取现实自由的现实可能性。

第一节　现实自由的尘世入口

　　马克思对于黑格尔法哲学的关注源于大学期间，并一度成为其忠实的信奉者。但是，当在《莱茵报》从事编辑工作时，一方面，职业本身要求马克思必须对社会政治经济尤其是物质利益与国家和法的关系等现实问题发表看法，这使他越来越倾向于从政治、经济的角度看待社会问题和国家问题。另一方面，马克思在思想上受到了费尔巴哈对于黑格尔唯心主义的批判及其在《关于哲学改革的临时纲要》中关于思维与存在、宗教异化的唯物主义论述的影

　　① 马克思恩格斯全集：第 47 卷 [M]. 北京：人民出版社，2004：49.
　　② 马克思恩格斯全集：第 3 卷 [M]. 北京：人民出版社，2002：1.

响，因此这两方面因素促使马克思在 1843 年 3 月来到莱茵省的小镇克罗茨纳赫与燕妮完婚之后便退回"书房"，积极从事对于理论和现实问题的研究，以探寻人的自由的现实可能性。此时，对于马克思而言，先前的对于现实问题的思考和所受的唯物主义影响开始发酵，即质疑黑格尔哲学尤其是法哲学的合理性，并且着手以一种立足于社会政治经济的现实视角研究和批判黑格尔哲学，最终在批判黑格尔颠倒的世界观的基础上展开了自己的具有唯物主义性质的思想，这种思想变化的表现即是大约写于 1843 年 3 月中至 9 月底的《黑格尔法哲学批判》，也称《克罗茨纳赫手稿》。这部手稿是对黑格尔《法哲学原理》第 261 节至 313 节关于市民社会与国家关系以及国家本身问题的分析和批判。尽管这是一部未完成的著作，但是具有研究马克思早期思想的重要价值，原因有两方面：其一，就马克思的思想历程而言，这是他与过去信奉的黑格尔哲学真正脱离并在思想上真正进入现实层面的起点，即思想转变的起点；其二，就该文本所体现的思想的重要性而言，这是马克思观照人的现实自由之路的尘世入口、基础和前提——市民社会与国家和法的历史唯物主义关系以及由此得出的人民在国家事务中至上性的唯物观点。

一、确立市民社会与国家关系的唯物史观是探寻人的现实自由的前提

人类要想在世俗世界中探寻自身的自由的现实可能性，首先必须摆正国家与家庭、市民社会之间的关系，这是寻求人的现实自由之路的起点。因此，马克思站在唯物史观的角度批判了黑格尔思辨唯心主义的思维方式及其所造成的关于家庭、市民社会与国家之间关系的唯心史观，从而指出国家存在和发展的基础和前提是家庭和市民社会。

（一）关于市民社会是国家的基础和前提的唯物史观

黑格尔与马克思都意识到了市民社会与国家两者之间的分离和对立的状况，并且都力图解决这种分离和对立的状况以实现两者的统一；然而，由于两人的哲学观点的不同，他们对于国家与市民社会何者为先的观点截然相反，这进一步导致其所提出的克服国家与市民社会对立关系的方案或对策也截然相反。在黑格尔看来，国家与家庭、市民社会的同一性或本质关系在于：国家决定和支配家庭和市民社会，家庭和市民社会则是国家的存在方式，即国家对于

家庭和市民社会而言，"一方面是外在必然性；另一方面是内在目的"①。但是，黑格尔的这种观点，在马克思看来，实质上是一种无法克服的二律背反。具体原因如下：

第一，就"外在必然性"而言，黑格尔将国家看作整个社会的最高权力，其对于家庭和市民社会而言具有不可抗拒的外在必然性，即家庭和市民社会的包括法律、利益和本质规定在内的一切方面的存在都"从属"且"依存"于国家的存在中，前者是后者的从属者，即"它们存在于对国家的'依存性'中"②。因此，当家庭和市民社会的利益、法律等与国家的利益、法律等出现矛盾和冲突时，前者必须牺牲自己以保全后者，这样就可以克服国家与市民社会之间的对立而实现两者的统一。但是，黑格尔对于家庭和市民社会与国家的本质关系的认识是一种唯心的、歪曲的认识，因为家庭和市民社会的存在和发展不是依赖于外在的国家，而是在于其自身内在的独立发展的本质，所以家庭和市民社会对于国家的"'从属性'和'依存性'是约束着独立的本质并与这种本质背道而驰的外在关系，所以'家庭'和'市民社会'对国家的关系是一种'外在的必然性'的关系，一种违反事物内在本质的必然性的关系"③。而且，国家的基础和前提是家庭和市民社会，国家的性质和存在取决于、依存于家庭、市民社会的性质和存在，并以后者独立的和充分的发展为前提。也就是说，家庭和市民社会对于国家而言才是一种"外在必然性"的关系。所以，当家庭和市民社会的"私法"从属于国家的一定性质并依据这种性质而变更时，从表面上看这是国家对于市民社会具有外在必然性，实则不然，因为国家的性质实际上是随着家庭和市民社会的性质的变革而变革的，所以私法的变更实质上是对变化了的市民社会性质的体现和反映。因此，在国家与市民社会关系上，黑格尔尽管正确地使用了"从属性"和"依存性"即"外在必然性"这一逻辑用语，貌似解决了国家与市民社的分离和对立，实现了两者统一，实质上却思辨唯心地颠倒了两者的本质关系，并使之变为外在的、表面的、强制的同一性的关系。

第二，就"内在目的"而言，黑格尔为了进一步消除家庭、市民社会与国家的对立，指出国家是家庭和市民社会的"内在目的"，即"国家的力量在

马克思现实自由思想的缘起探究

---

① 马克思恩格斯全集：第3卷［M］．北京：人民出版社，2002：9.
② 马克思恩格斯全集：第3卷［M］．北京：人民出版社，2002：8.
③ 马克思恩格斯全集：第3卷［M］．北京：人民出版社，2002：8.

于它的普遍的最终目的和个人的特殊利益的统一，个人对国家尽多少义务，同时也就享有多少权利"①，所以个人权利或特殊自由获取的多少是以对国家所尽义务的多少为前提。但是，这种同一性仅是表面的同一性，实质上暴露了国家与市民社会之间所存在的分离和对立的实际关系，而且因为市民社会是国家产生和存在的前提，国家源于市民社会，所以个人对国家所尽义务的多少应以国家给予个人权利的多少为前提。

基于以上两个方面的分析而必然得出明确的、历史唯物主义性质的结论："家庭和市民社会都是国家的前提，它们才是真正活动着的；而在思辨的思维中这一切却都是颠倒的"②；"家庭和市民社会使自身成为国家。它们是动力"③；"政治国家没有家庭的自然基础和市民社会的人为基础就不可能存在。它们对国家来说是必要条件"④。基于市民社会与国家关系的唯物史观，必然进一步得出人本身在国家与市民社会中居于根本性的核心地位的正确结论：国家、家庭、市民社会等客观事物在本质上都是人的本质的实现和客体化，是具体的人的特定的社会存在方式，是为一切现实的人所共有的特质和现实普遍性。也就是说，现实的人始终是家庭、市民社会、国家等实体性东西的本质，即"如果在阐述家庭、市民社会、国家等时把人的这些社会存在方式看作人的本质的实现，看作人的本质的客体化，那么家庭等就表现为主体所固有的特质。人始终是这一切实体性东西的本质，但这些实体性东西也表现为人的现实普遍性，因而也就是一切人共有的东西"⑤。

(二) 黑格尔在国家与市民社会关系上的唯心史观的根源

黑格尔之所以存在关于国家与家庭、市民社会关系的错误认识，是由于其思维方式具有露骨的、逻辑的、泛神论的神秘主义色彩。

首先，黑格尔将纯粹的抽象观念作为绝对主体，并且思辨地认为这一主体有着自我发展的神秘的、圆圈式的、辩证的逻辑过程，即它由自身分化为一些特定的具体观念或具体事物以作为自身发展的有限的定在和环节，通过这些特定的环节而实现返回自身、达到自在自为的思辨逻辑过程。因此，黑格尔在看待现实事物时，总是认为事物的性质及其发展不是其自我规定的结果而是某种

① 马克思恩格斯全集：第 3 卷 [M]. 北京：人民出版社，2002：9.
② 马克思恩格斯全集：第 3 卷 [M]. 北京：人民出版社，2002：10.
③ 马克思恩格斯全集：第 3 卷 [M]. 北京：人民出版社，2002：11.
④ 马克思恩格斯全集：第 3 卷 [M]. 北京：人民出版社，2002：12.
⑤ 马克思恩格斯全集：第 3 卷 [M]. 北京：人民出版社，2002：51-52.

纯粹观念实现自身的定在和具体环节。在国家与家庭、市民社会的关系上，他认为在国家与家庭、市民社会关系上只要实现了观念层面上的统一，就可以实现两者在经验层面上的统一，即国家概念是"无限的现实精神"，其将自身分为家庭和市民社会之类的有限性的概念领域，且后者是前者返回自身、实现自在自为的逻辑发展过程中的一个必要环节和中介。也就是说，黑格尔尽管不否认家庭、市民社会是国家产生和存在的必要条件，然而家庭、市民社会在本质上是由国家概念这一所谓的"现实观念"所产生的，而它们之所以结合形成国家的原因不在于国家是家庭、市民社会的内在本质的发展过程的产物和结果，而在于家庭和市民社会是作为国家观念实现自身、达到自在自为的无限精神的必要的、有限的中介和环节，所以家庭和市民社会存在的目的和合理性不是自身及其内在的本质发展，即"它们的存在归功于另外的精神，而不归功于它们自己的精神。它们是由第三者设定的规定，不是自我规定"①。这样，黑格尔不仅在理论层面而且在现实层面上证明了国家是家庭和市民社会的前提的合理性，一定意义上，也就承认和维护了普鲁士国家现状的合理性。黑格尔这种思辨的唯心史观的错误根源在于他不是根据事实本身而是根据自己的主观的观念活动来考察和表达国家与家庭、市民社会之间的实际关系，致使其考察所得出的结论出现颠倒了的、异化了的现象，即"观念变成了主体，而家庭和市民社会对国家的现实的关系被理解为观念的内在想象活动"②；"制约者被设定为受制约者，规定者被设定为被规定者，生产者被设定为其产品的产品"③。实质上，真正的"现实性"不是所谓的现实的无限的精神即国家观念，也不是所谓的有限的家庭和市民社会概念，而是尘世中真实的家庭和市民社会的自身发展的现实逻辑及其与国家的现实关系。

其次，由于以上的唯心思辨的思维方式，黑格尔在差别、特殊性与普遍性的关系上的认识同样具有思辨唯心主义性质：具有普遍性的一般的抽象规定产生并决定具体事物及其具体规定；或者说，普遍性具有绝对性和无限性，产生并决定特殊性，特殊性是普遍性的具体的、有限的定在。这种错误的认识视角导致他在看待现实事物时总是从普遍的、纯粹的抽象观念中力图引出具体规定或具体事物，而不认为现实事物的性质及其发展是其自我规定的结果。然而，

① 马克思恩格斯全集：第3卷［M］．北京：人民出版社，2002：11．
② 马克思恩格斯全集：第3卷［M］．北京：人民出版社，2002：10．
③ 马克思恩格斯全集：第3卷［M］．北京：人民出版社，2002：12．

实质上，真实的关系是普遍性、共性寓于特殊性、个性和差别之中，而非普遍性、共性产生和决定特殊性、个性和差别，而研究事物的普遍性正是为了不忘记事物的本质差别，所以现实事物的发展不是某种纯粹观念的产物和结果，而是事物本身的内在本质自我规定和独立发展的结果。所以，正确认识事物的逻辑路径是：现实不是源于观念而是观念源于现实，即抽象规定源于具体规定，而具体规定源于具体事物，必须从事物本身的内在本质、具体内容、具体差别中认识事物，并由此得出关于事物的具体规定直至具有一般性的抽象规定。一句话，只有立足事物的差别和特殊性才能真正认识事物的本质。所以"观念应当从现实的差别中产生"①；"差别是不会从这种普遍规定中产生的。没有指出特殊差别的解释就不成其为解释"②。所以，出于论证国家存在的合理性的目的，黑格尔力图从"机体"这一抽象规定中推导出"政治制度"和"政治信念"等具体规定，这种思辨过程的秘密在于：不是根据作为对象的客观事物来形成和发展关于对象的特定的思想理论，而是凭借抽象的思辨逻辑所形成的思想理论来构造和发展自己的对象；不是将本是作为出发点的经验的、客观的事实认定和理解为事实本身，而是神秘地、思辨地将其规定和设定为抽象的观念的结果和产物；倒置对象与观念原有的、客观的主谓关系的位置，即把原作为谓语的如"机体"这样的抽象的观念、概念绝对化为主体，而把原作为主体的如政治制度这样的具体规定、现实主体变成了抽象的观念、概念的产物和谓语，从而使"政治制度"这样的具体对象被抽象地列为"机体"这样的抽象观念自我发展的思辨链条上的一个环节，而这种抽象观念除了达到无限的、自为的"绝对精神"这样的抽象逻辑目的之外，缺乏任何观照现实事物的真实内容的目的，因而难以得到任何关于现实事物的具体规定和真实内容。因为，事实上，在主谓颠倒的思辨关系中，真正的"发展却总是在谓语方面完成的"③，即由客观事物的内在本质和自我规定来独立完成的，所以这种思维过程显然是露骨的神秘主义。因此，当黑格尔观照国家与市民社会的关系时，他关于国家的解释之所以陷入抽象性和神秘性，与其自身特有的思辨唯心性质的哲学思维方式是密不可分的。"哲学的工作不是使思维体现在政治规定中，而是使现存的政治规定消散于抽象的思想。哲学的因素不是事物本身的逻

---

① 马克思恩格斯全集：第3卷 [M]. 北京：人民出版社，2002：15.
② 马克思恩格斯全集：第3卷 [M]. 北京：人民出版社，2002：16.
③ 马克思恩格斯全集：第3卷 [M]. 北京：人民出版社，2002：14.

辑，而是逻辑本身的事物。不是用逻辑来论证国家，而是用国家来论证逻辑。"①

综上所述，可以明确地看到马克思和黑格尔的思维方式的本质差别：前者是唯物辩证的，后者是唯心辩证的。因此当两者用各自的思维方式观照市民社会与政治国家的关系时，必然得出相反的结论即唯物史观和唯心史观。在市民社会与政治国家的关系上，马克思对于黑格尔思维方式及其结论的批判使自身从源头上廓清了黑格尔的唯心史观的影响，这是他在探寻人的现实自由之路上迈出的正确的重要的第一步。接着，马克思以此为出发点，批判了黑格尔所阐述的君主立宪制的国家权力体系的本质在于侵夺了人的现实自由，并提出了克服市民社会与政治国家对立现状的对策以求实现人的现实自由。

二、君主立宪制的国家权力体系侵夺了人的现实自由

在对待王权、行政权和立法权等国家制度的态度上，马克思和黑格尔各自基于截然相反的立场。黑格尔站在绝对精神的立场上看待国家制度，认为国家制度是自我发展的绝对精神的定在和环节，其合理性在于它按照绝对精神的本性规定和区别而形成和发展，在具体的民族中则体现为国家制度的形成和发展必须符合特定民族的"自我意识的性质和形成"②，因此国家制度对绝对精神的关系是从基本合适到基本不合适再到基本合适，这样一个循环往复、从低级到高级的无限运动的发展过程。当作为绝对精神的产物的国家制度与绝对精神发生矛盾时，国家制度就由原来适合于绝对精神自我发展的定在和环节变成了发展了的绝对精神的沉重桎梏和镣铐，因而就不再是合乎理性的国家，故而必须被变革。马克思后期就生产力与生产关系的论述类似于黑格尔此处就国家制度与绝对精神关系的思想，但是，不同的是，他认为黑格尔就国家制度与绝对精神的论述是浅薄之论，因为如果真如黑格尔所言，那么"国家制度的理性是抽象的逻辑，而不是国家的概念。我们得到的不是国家制度的概念，而是概念的国家制度。不是思想决定于国家的本性，而是国家决定于现成的思想"③。相反地，马克思站在"现实的人"的立场上来看待国家制度，即"现实的

---

① 马克思恩格斯全集：第3卷［M］. 北京：人民出版社，2002：22.
② 马克思恩格斯全集：第3卷［M］. 北京：人民出版社，2002：27.
③ 马克思恩格斯全集：第3卷［M］. 北京：人民出版社，2002：24.

人……表现为国家的本质"①，国家权力和职能是现实的"人的社会特质的存在方式和活动方式"②，因此必须要求并确立非绝对精神而是现实的"'人'成为国家制度的原则"③，这样所实现的国家制度本身必然"具有与意识同步发展、与现实的人同步发展的规定和原则"④。也就是说，国家制度发展的规则和原则必须以现实的人的发展和自由为前提和内核。基于此，马克思在王权、行政权、立法权等问题上针锋相对地批判了黑格尔的思辨的唯心史观，并在提出克服市民社会与国家对立的对策的基础上，强调了国家制度存在的根本价值在于保障人的现实自由。

（一）"人民主权"而非"王权"保障人的现实自由

国家主权不应该也不能有双重的存在，不是人民主权，就是王权，这是两个完全对立的主权概念，这就如同世界主宰者是上帝还是人的问题一样。对于这个问题，马克思给出了正确的解答："人民构成现实的国家。国家是抽象的东西。只有人民才是具体的东西"⑤；"人民主权不是凭借君王产生的，君王倒是凭借人民主权产生的"⑥。所以即使是在君主制的国家制度中，君王本身存在的本来意义也只是人民主权的代表和象征。

1. 王权因具任意性和排他性而剥夺了人的现实自由

首先，黑格尔力图通过对君主立宪制的王权的神秘的思辨论证来证明王权的合理性，他将王权本身设定为三个环节：国家制度和法律的普遍性、特殊对普遍的关系的协商和自我规定的最后的决断环节。而王权被规定为君主立宪制度中的核心，规定为国家主权，即王权在君主立宪制的国家制度的运行中是自我规定的最后决断环节，"是其余一切东西的归宿，也是其余一切东西的现实性的开端"⑦，并且因其是"决定性的意志"而成为"现实的意志"。但是，实质上作为"现实的意志"的王权的本质是具有任意性的"个人的意志"，因为它脱离了并凌驾于内容即国家制度和法律的普遍性、特殊对普遍关系的协商即民主性之上，所以君主是"国家中个人意志的、无根据的自我规定的环节，

① 马克思恩格斯全集：第3卷［M］．北京：人民出版社，2002：35.
② 马克思恩格斯全集：第3卷［M］．北京：人民出版社，2002：29.
③ 马克思恩格斯全集：第3卷［M］．北京：人民出版社，2002：27.
④ 马克思恩格斯全集：第3卷［M］．北京：人民出版社，2002：27.
⑤ 马克思恩格斯全集：第3卷［M］．北京：人民出版社，2002：38.
⑥ 马克思恩格斯全集：第3卷［M］．北京：人民出版社，2002：37.
⑦ 马克思恩格斯全集：第3卷［M］．北京：人民出版社，2002：27.

是任意的环节"①，即王权是任意或任意是王权。王权往往被解释为特定君主的权力；或者说，特定君主往往被解释为王权的特定环节和王权观念的真正化身，从而使特定君主的权力合理性得以维护和辩解。然而，本质上"君主是'人格化的主权'，是'化身为人的主权'，是具有肉体形式的国家意识，因此，所有其他的人都被排斥于这种主权、人格和国家意识之外"②。因此，所谓人格化的主权即君王具有的唯一内容即排斥其他一切人于国家权力之外的、专断的"朕意如此"或"朕即国家"。这类似于"君权神授"的观念，只不过这里的"神"是指王权观念。

其次，黑格尔力图证明君主世袭制的合理性以证明王权的至上性。他认为国家主权观念自我发展的特定环节即君主环节是由自然的肉体出生这种自然规定完成的即出生造就君主，所以君主权力具有"不动性"和"不变性"的特点。也就是说，君主与生俱来地具有掌控国家的权力和尊严，即"在君主身上，人则在自身中包含着国家"③。然而，这种观点在本质上无非是通过思辨唯心的方式把不合乎理性的、不符合事物的内在本质的东西论证和设定为绝对合乎理性的东西，因此"说国家观念是直接生出来的，这种观念通过君王的出生而生出自己并且成为经验的存在"④，这是一种令人费解的、惊异的说法。这种思辨方法并不能为君主世袭制增加任何新的内容以证明其具有合理性，只不过变换了旧内容的形式，即把证明君主世袭制合理性的神学的形式变换为了哲学的形式，为君主世袭制颁发了"哲学的证书"。而且，如果君主由出生设定，那么"在国家最高层做决断的就不是理性，而是单纯的肉体"⑤，这样君主便是与自己的整个类、与其他的一切人不同的、相异的人，而他与其他人的区别就是"肉体"即创造君王的"生殖活动"。也就是说，"国王的最高宪政活动就是他的生殖活动"⑥，即通过自己肉体的延续和再生产为国家创造君王，从而不断地掌控国家权力。显然，黑格尔是用自然的偶然性即出生来证明君主权力的合理性，这和用意志的偶然性即任意地证明君主权力的合理性如出一辙，结果只能证明君主本身就是偶然性。然而，国家是不能建立在这种偶然性

---

① 马克思恩格斯全集：第3卷［M］. 北京：人民出版社，2002：34.
② 马克思恩格斯全集：第3卷［M］. 北京：人民出版社，2002：35.
③ 马克思恩格斯全集：第3卷［M］. 北京：人民出版社，2002：50.
④ 马克思恩格斯全集：第3卷［M］. 北京：人民出版社，2002：51.
⑤ 马克思恩格斯全集：第3卷［M］. 北京：人民出版社，2002：44.
⑥ 马克思恩格斯全集：第3卷［M］. 北京：人民出版社，2002：53.

马克思现实自由思想的缘起探究

之上的，因为如果君王是与生俱来的"最后决断"，那么他的这种超越国家制度和法律的主观任意和偶然性只能证明君王是不具备承担国家责任的能力的，这是对国家的存在和发展非常不利的。而且关于国家包含于君王这一抽象人自身中的观点，实质上是承认国家的本质是抽象的人即君王这一私人所有的，或者说，国家是属于君主这一私人的私有财产。显然君王必然是与人民对立的私人，因为国家的基础和前提是市民社会，而市民社会是由人民构成的，所以国家应该是属于人民的国家财产而非君王的私有财产。

因此，黑格尔所维护的王权因其任意性和排他性而具有专制性，其本质上是对人民主权和自由的压制。

2. 人民主权保障人的现实自由

民主制是"一切国家制度的本质，作为特殊国家制度的社会化的人"①。国家制度是由人民创造的，而非人民是由国家制度创造的；也即是说，国家制度是"人民的国家制度"，而非人民是"国家制度的人民"。因此国家制度或政治制度本身并不构成国家本身，它不能以代表一切的整体和普遍意义而自居，它本身及其每一个环节都应该而且必须是整体人民的特定环节。然而，不论是在中世纪还是在现代文明世界中，人民与政治国家之间的关系都出现了颠倒和异化，因此人类社会发展的最终的"历史任务就是国家制度的回归"②，回归于真正以现实的人和人民为核心和基础的民主制。马克思从政治制度历史演变的角度剖析了民主制的三个发展阶段即古代社会的贵族制或君主制、现代社会的君主立宪制和共和制、真正的民主制。

首先，古代社会的贵族制或君主制是"不自由的民主制"③。在这种国家制度中，政治国家本身构成国家的内容，它与市民社会或私人领域是直接同一的。人本身及其活动的物质要素和精神要素都是政治的，即私人领域即是政治领域；或者说，政治就是私人领域的性质。因此，尽管此时的"人是国家的现实原则，但这是不自由的人"④，是异化了的人，因为私人领域不存在自由和独立，完全由国家形式设定和控制；私人领域沦为国家的奴隶，而国家本身又沦为君主个人统治人民的工具。也就是说，人民从属于国家制度，变成了"国家制度的人民"，而君王是国家制度的核心，整个国家制度都要紧紧围绕

---

① 马克思恩格斯全集：第 3 卷［M］. 北京：人民出版社，2002：40.
② 马克思恩格斯全集：第 3 卷［M］. 北京：人民出版社，2002：42.
③ 马克思恩格斯全集：第 3 卷［M］. 北京：人民出版社，2002：43.
④ 马克思恩格斯全集：第 3 卷［M］. 北京：人民出版社，2002：43.

君王这个固定不动的点而构成和运行。因此君主制本身及其每一环节不以人民而以君主为核心的这种部分决定整体的特质，致使君主制本身难以从自身获得理解，具有存在的不合理性，其历史命运必然是灭亡。所以，"中世纪是现实的二元论"①。

其次，在现代社会中，现代君主立宪制与共和制"是抽象国家形式范围内的民主制"②。随着私人领域或市民社会的独立发展，市民社会与国家得以实现分离，现代政治制度得以发展起来。"国家本身的抽象只是现代才有，因为私人生活的抽象也只是现代才有。政治国家的抽象是现代的产物。"③ 政治国家与市民社会或私人领域尽管有着相互统一、相互规定的一面，但这种统一是外在的、表面的统一，两者在本质上是相互分离和相互对立的。这导致政治国家作为一种源于却异化于市民社会的私人生活的、具有普遍理性的"彼岸之物"，作为一种组织形式以一种强制的、异化的、虚幻的普遍性态势规制和统治着一切私人领域。尽管政治国家异化为统治私人领域的普遍形式，然而其本质上是市民社会的产物，是由市民社会的现实的人及活动所创造的，它的存在只是作为一种"彼岸之物"使人得以通过它来实现对诸如商业和地产等私人生活要素的自由和独立的发展所导致的人的异化的肯定，所以政治国家"并没有真正在统治，就是说，并没有物质地贯穿于其他非政治领域的内容"④。因此现代国家的民主制还不是真正完全以现实的人或人民为核心和内容的民主制，而是民主制的抽象国家形式，即"政治制度到目前为止一直是宗教领域，是人民生活的宗教，是同人民生活现实性的尘世存在相对立的人民生活普遍性的天国……现代意义上的政治生活就是人民生活的经院哲学。君主制是这种异化的完备表现。共和制则是这种异化在它自己领域内的否定"⑤。所以，"现代是抽象的二元论"⑥。

最后，真正的民主制将是超越现代一切国家制度的、实现了人的现实自由的民主制。民主制以人为出发点，其本身是客体化的人，是人的本质活动的客体化；它的每一环节是以人民为核心的，其存在的意义在于从属于且服务于人

① 马克思恩格斯全集：第3卷 [M]. 北京：人民出版社，2002：43.
② 马克思恩格斯全集：第3卷 [M]. 北京：人民出版社，2002：41.
③ 马克思恩格斯全集：第3卷 [M]. 北京：人民出版社，2002：42.
④ 马克思恩格斯全集：第3卷 [M]. 北京：人民出版社，2002：41.
⑤ 马克思恩格斯全集：第3卷 [M]. 北京：人民出版社，2002：42.
⑥ 马克思恩格斯全集：第3卷 [M]. 北京：人民出版社，2002：43.

马克思现实自由思想的缘起探究

民。也就是说，在真正的民主制中，国家制度是人民的国家制度，是人民的自我规定、定在环节和特定内容；国家制度重新回复到自身的现实基础即人民，重新成为由人民设定的、属于人民的作品。所以，在真正的民主制中，国家必然取消自身代表和规制一切的虚幻的普遍性和虚幻共同体的性质，回归作为人民的自我规定的本质，还原为人民生活的众多的特定内容和特殊存在形式之一，进而结束与人民生活内容的其他特殊定在如财产、婚姻的对立和统治关系，达到相互适应、并行不悖。然而，只有在作为"彼岸之物"的政治国家与具有私人本质的市民社会消亡的时候；或者说，在政治国家与市民社会由分离和对立走向统一的时候，民主制才会实现和达到，而这时的民主制便是普遍与特殊的统一、形式与内容的统一。因此，"民主制是一切形式的国家制度的已经解开的谜"①；"国家制度在这里表现出它的本来面目，即人的自由产物"②。

因此，马克思基于人民创造国家制度的认识，认为一切国家形式必须以民主作为自己的真实性和本质，民主是衡量一切国家形式是否真实和合理的标准，即一种国家形式"有几分不民主，就有几分不真实"③。然而，要结束政治国家与市民社会的对立，实现真正的民主制，进而实现人的现实自由，就应该消除官僚政治和进行民主政治改革。

（二）铲除充当"王权"剥夺人的现实自由的执行者即官僚政治

就行政权而言，黑格尔认为官僚政治和同业公会（市民社会的自治机关）是国家与市民社会、普遍利益和特殊利益统一的桥梁和中介。也就是说，通过代表国家或王权的官僚政治对代表市民社会的同业公会的管理来消除国家与市民社会之间的分离和对立，以及市民社会内部的矛盾即因利己主义而造成的一切人反对一切人的战争。官僚政治的合理性具体表现在于：官僚的选拔方式、等级制、薪俸、人道教育等。这一切保证了官僚政治成为国家利益和公民利益的统一，保证了官僚对公民利益和国家利益的忠诚。但是，实质上，官僚政治不是对市民社会与国家分离和对立的弥合，反而是两者分离和对立的产物和表现，而且加剧了两者的分离和对立，导致了人的异化。因此，黑格尔对于官僚政治的合理性的论证是肤浅的，不仅没有解决国家与市民社会之间对立，反而

---

① 马克思恩格斯全集：第3卷［M］. 北京：人民出版社，2002：39.
② 马克思恩格斯全集：第3卷［M］. 北京：人民出版社，2002：40.
③ 马克思恩格斯全集：第3卷［M］. 北京：人民出版社，2002：41.

有掩盖两者对立的嫌疑。

1. 官僚政治是与社会普遍利益对立的特殊利益

（1）官僚政治与自治的同业公会的对立统一关系体现了其是与社会普遍利益对立的特殊利益。

首先，官僚政治与同业公会的同一性表现为：官僚政治属于国家层面，官僚政治的前提是国家；同业公会属于市民社会层面，同业公会的前提是市民社会；国家的前提是市民社会，因此市民社会必然是官僚政治的前提，而归属于市民社会层面的同业公会则是官僚政治存在的必要基础。因此，就性质而言，官僚政治与同业公会是一致的，即同业公会以官僚政治作为自身存在和运行的原则，因而本身就是一种官僚政治，而官僚政治本身又是一种以特殊利益为己任的垄断的、封闭的、特定的同业公会，因此"同业公会是官僚政治的唯物主义，而官僚政治则是同业公会的唯灵论。同业公会构成市民社会的官僚政治，官僚政治则是国家的同业公会"①。由于市民社会与国家的分离，同业公会与官僚政治都与自己的前提发生了异化，转变为一种与普遍利益对立的封闭的特殊利益，尤其是作为同业公会的特定类型的官僚政治能够挪用和侵占理应归属于人民的国家权力和国家意识，将自身的具有排他性的、利己的特殊利益冒充为、上升为代表国家和人民的普遍利益。也即是说，官僚政治成了独立于且绝对化于人民和整个社会之外的特殊利益集团，而本应代表人民普遍利益的国家本身及其事务沦为了官僚政治维护自身特殊利益的私人工具和事务，因此官僚政治所代表的普遍利益实质上是一种虚构的普遍利益。

其次，官僚政治与同业公会又处于对立之中。当追求理性和自由的精神在市民社会中蔓延并促使人们起来反对和脱离同业公会的束缚时，以同业公会作为自身存在的必要基础的官僚政治出于维护自身存在的目的，必然"力图强行维持同业公会的存在"②。尽管同业公会与官僚政治之间具有一致性和共存性的关系，但官僚政治是完备的、自足的"同业公会"，而任何一个同业公会都不是完备的、自足的官僚政治，是有求于、受制于官僚政治的同业公会。因此在同业公会与官僚政治的对立中，官僚政治总是处于不败之地。一方面，当同业公会的自治力增强和自治范围扩大时，威胁到官僚政治的特殊利益时，官僚政治必然反对和压制同业公会；或者，当官僚政治意在开拓自己权力的范围

① 马克思恩格斯全集：第3卷［M］. 北京：人民出版社，2002：58.
② 马克思恩格斯全集：第3卷［M］. 北京：人民出版社，2002：59.

时，官僚政治必然压制和压缩同业公会的生存和发展空间。另一方面，同业公会之间的矛盾和冲突成就了官僚政治的统治地位。也就是说，同业公会之间都希望对方是对自己不构成威胁的虚构力量，每一同业公会为了自身的特殊利益都希望官僚政治反对其他的同业公会。然而异化就在于此：官僚政治存在的本来意义和目的在于解决社会问题和矛盾，然而它为了自身的永久存在却不断地制造问题和挑起矛盾。这里目的变成了手段、手段变成了目的，因此官僚政治是不解决实际问题的、毫无用处的、"市民社会的'国家形式主义'"①，因为它异化为一种与社会普遍利益对立的特殊利益，而其所代表的普遍利益实质上是一种虚构的普遍利益。

（2）官僚政治因其封闭性而成了与普遍利益对立的特殊利益。

首先，官僚政治本质上仅是国家中同业公会的一种类型，一个特定的、封闭的社团，但是它却能够将自己的特殊利益冒充为代表国家和人民的普遍利益，它的特殊的私人目的成了国家目的，即"官僚政治认为它自己是国家的最终目的"②，从而致使国家成了表面化地代表人民普遍利益的形式主义的国家。官僚政治唯独把"形式的"目的当作和设定为自己存在的现实内容和"实在的"目的，而反映市民社会真实的需求和内容的国家的"实在的"目的则被其看作是反国家的和形式的东西。这样"形式的"目的成了被官僚政治关注和追求的"实在的"目的，而"实在的"目的成了被官僚政治忽视甚至无视的"形式的"目的，形式的目的与实在的目的始终处于冲突之中。也就是说，行政办事机构的特殊目的上升为国家目的；或者说，国家目的被人为地贬低为行政办事机构的特殊目的，结果官僚政治变成了一个"谁也跳不出的圈子。它的等级制是知识的等级制。上层指望下层了解详情细节，下层则指望上层了解普遍的东西。结果彼此都失算了"③。因此，官僚政治是独立于实在的国家之外并掌控之的虚构国家，它使国家的任何事务都具有了双重意义即实在的意义和官僚政治的意义，而后者成了认识和支配前者的根据，所以本应代表人民的普遍利益的国家沦落为官僚政治的具有排他性的私有财产。

其次，官僚政治具有神秘性，它的普遍精神就是"秘密"。对于秘密的保守内部依靠等级制，而外部则依赖于其封闭性，因此，"权威是它的知识原

① 马克思恩格斯全集：第3卷［M］. 北京：人民出版社，2002：59.
② 马克思恩格斯全集：第3卷［M］. 北京：人民出版社，2002：60.
③ 马克思恩格斯全集：第3卷［M］. 北京：人民出版社，2002：60.

则，而神化权威则是它的信念"①。在官僚政治内部，消极服从、信仰权威、例行公事、机械执行成规成见成为官僚们的通则和实际知识，成为激发官僚们追逐高位和谋求发迹的利己主义原则和现实的物质生活。对于官僚而言，唯有遵守例行公事和服从权威等"虚构知识"才是有价值的和有意义的，而现实生活中的科学知识和经验乃至人民的实际诉求对他而言却是毫无意义的和虚构的，这样实际的知识成为虚构的知识，而虚构的知识成了实际的知识；或者说，现实的生活变成了虚构的生活，而虚构的生活变成了现实的生活，结果"国家已经只是作为由从属关系和消极服从联系起来的各种固定的官僚势力而存在"②。因此，官僚政治是一种利己的、信仰权威的、机械论的、"粗陋的唯物主义"，是一种脱离现实生活内容并与之对立的特殊利益。因此，在官僚政治中，国家利益与特殊利益的同一仅仅是与官僚政治集团的私人特殊目的同一，而与整个社会的其他私人目的相对立，这种同一既是虚构的同一，又是对立的同一，所以国家利益是一种虚幻的普遍利益。因此，"铲除官僚政治，只有普遍利益在实际上……成为特殊利益，才有可能；而这又只有特殊利益在实际上成为普遍利益时才有可能"③。也就是说，只有在官僚政治虚幻的普遍利益在实际上恢复其本来的特殊利益面目并且被消除掉，而市民社会特殊利益在实际上成为普遍利益即国家真正成为一切特殊利益的普遍代表时，铲除官僚政治才有可能。

2. 官僚政治是国家与市民社会的虚幻中介

（1）官僚的选拔方式难以实现政治国家与市民社会的同一。

首先，同业公会或区乡组织的负责人（其本质上是官僚）通过"混合的选拔"方式而产生，即由自治的同业公会或区乡组织首先自下而上的选举，再由代表君王的最高当局批准任命，这样似乎实现了国家与市民社会的同一。然而，这种选拔方式实质上是"大杂烩"，是对官僚政治国家与市民社会、国家利益与私人利益之间对立的承认和妥协，"是承认没有解决的二元论，这种解决本身就是二元论，是'混合'"④。

其次，通过考试机制来选拔官员或公务员的方式似乎保证了市民社会的每

---

① 马克思恩格斯全集：第3卷 [M]．北京：人民出版社，2002：60.
② 马克思恩格斯全集：第3卷 [M]．北京：人民出版社，2002：61.
③ 马克思恩格斯全集：第3卷 [M]．北京：人民出版社，2002：61.
④ 马克思恩格斯全集：第3卷 [M]．北京：人民出版社，2002：63.

88

马克思现实自由思想的缘起探究

一个私人成为国家官员的可能，似乎弥合了政治国家与市民社会的分离和对立。但是，实质上，这本身就体现了市民社会与政治国家的分离和对立及其导致的人本身分裂为抽象的公民和自利的私人的异化境况。也就是说，私人具有由市民社会领域"进入"官僚政治领域的权利的可能性仅仅说明了私人原本所居于的市民社会领域不具备官僚政治领域所能提供的管理国家的权力，然而管理权本身实质上是应该属于市民社会领域的，因此这种"进入"表明了市民社会与政治国家之间存在着难以逾越的"鸿沟"。这一"鸿沟"致使个人在不具备公务员考试所涉及的"国家知识"时，尽管依然可以生活在国家之中且成为"好的国家公民"和"社会的人"，然而终究不能融入官僚政治所设定的国家生活中，不会具有国家承认和赋予的稳定的社会地位及相应的福利保障，只会沦为国家运行机制之外的边缘人，而其在世俗生活与官僚政治的"交往"之中常常因边缘人的地位而受到官僚政治的"善待"。这种生活在国家之中却又游离于国家生活之外的处境，使他在精神和肉体上都感到自己好似因脱离自身而缺乏存在感和因脱离空气而"呼吸困难"。因此，"国家知识"成了政治国家强力影响和掌控市民信念的神圣知识和神圣信仰，然而其本质上只是官方通过法律手段所实现的对于市民社会的世俗知识的变体。

但是，官僚政治却通过它所设定的考试实现了对于世俗知识的洗礼，实现了对于作为世俗知识的变体的神圣知识的确认和神化。因为考试是市民社会的个人与国家官职之间的唯一的狭窄的桥梁，是世俗知识与国家知识之间的唯一的单一的联系。它既是个人摆脱不能给予他"权力"的市民社会而进入官僚政治的唯一途径和信仰声明，是个人融入官僚政治的一份"投名状"和一套"仪式"，又是官僚政治通过法律手段确认和神化国家知识进而权威化自身的一种特权。考试不仅使个人拥有了摆脱边缘人处境的可能和希望，而且政治国家也实现了对于市民信念的控制。然而，纵观历史，政治家不是通过这种"考试"考出来的；或者说，这种"考试"是考不出政治家的。因此，官僚政治国家通过由选拔方式所任命的官员来管理市民社会，这本身就以法定的形式承认和确立了政治国家与市民社会的对立。法庭、警察和行政机关等国家权力机构及其官僚"不是市民社会本身赖以管理自己固有的普遍利益的代表，而是国家用以管理自己、反对市民社会的全权代表"①。然而，"在真正的国家中，问题不在于每个市民是否有献身于作为特殊等级的普遍等级的可能性，而

---

① 马克思恩格斯全集：第 3 卷［M］. 北京：人民出版社，2002：64.

在于这一等级是否有能力成为真正普遍的等级，即成为一切市民的等级"①。

（2）等级制与人道教育难以消除官僚政治固有的任意而为和滥用职权的弊病。尽管黑格尔将官僚政治看作是市民社会与国家同一的保障，但也看到了官僚政治中存在的任意而为和滥用权力的弊端，所以为了消除这一弊端，他提出了建立等级制和对官员进行人道教育的方案。

首先，黑格尔认为官僚等级制能够保证对某个官僚或行政机关进行自下而上和自上而下的监督，从而有效地防范其任意而为和滥用权力。但是，官僚或行政机关滥用权力的根源正在于等级制本身，因为官员所犯的罪行有两种：一种是违背等级制要求的罪行，另一种是等级制本身通过特定官员所必然犯的罪行。前者将遭到等级制的惩罚，后者将得到等级制的百般庇护，即"等级制不会轻易相信它的某些成员犯了罪"②。因此，正是等级制本身造成了官员和行政机构的任意而为和滥用权力，所以靠等级制自身来监督和防范其官员和行政机构，这本身就自相矛盾，是根本无法做到的；而且，更为重要的是"防范'等级制'的东西究竟在哪里呢？当然，所谓大害除小害，不过表示小害同大害相比是微不足道的"③。

其次，黑格尔认为通过对官员进行直接的道德教育和思想教育进而培养其人道精神，将消除官员的"官场知识"和实际工作的"机械性成分"，使奉公守法、冷静沉着、和善宽厚成为官场风气，最终任意而为和滥用权力将得到有效的防止。然而，实际上，正是等级制的"官场知识"和实际工作的"机械性成分"抵消了和压倒了道德教育和思想教育以及人的其他才能，造成了对人性的扭曲和束缚，这是与人道精神相悖的。因此，要真正地消除官员的任意而为和滥用权力的弊端，必须消除其产生的根源即官僚等级制本身。

（3）官僚的薪俸不能作为国家与市民社会统一的保障。黑格尔认为君主是国家主权的代表，他将国家事务委托给行政机关的官僚处理，即"君主制是一种流出体系；君主制出租国家的职能"④，这样获得官职的官员因其从事国家活动而获得薪金。这是国家普遍利益与个人特殊利益的统一，保障了现代国家君主制的内部稳固性。但是，实际上，官员的薪金只是保证了官员的生

---

① 马克思恩格斯全集：第3卷 [M]．北京：人民出版社，2002：65．
② 马克思恩格斯全集：第3卷 [M]．北京：人民出版社，2002：67．
③ 马克思恩格斯全集：第3卷 [M]．北京：人民出版社，2002：67．
④ 马克思恩格斯全集：第3卷 [M]．北京：人民出版社，2002：66．

存，与市民社会的成员的生存没有任何关系，市民社会成员的生存并没有得到国家的保障，国家与市民社会依旧处于对立之中。因此就君主给予个人官职的行为的本质而言，"国家活动变成官职是以国家脱离社会为前提的"①。

黑格尔认为官僚等级即国家官员和政府成员是构成国家中间等级的主要组成部分，构成了国家法制和才智方面的主要支柱。但是，中间等级即官僚等级不是一个通过权力均衡起作用的组织，而是一个权力没有得到有效制衡的组织；而且，人民才是国家的主要支柱，行政权"在更大程度上属于全体人民"②，所以官僚等级不可能构成国家的中间等级。

（三）恢复立法权保障人民现实自由的本性

1. 立法权的本质在于保障人的现实自由

面对国家制度与立法权何者为前提以及国家制度如何变革的问题，马克思与黑格尔的观点是截然相反的。黑格尔站在自由精神的角度来维护国家制度与立法权之间现存关系的合理性，并探讨了立法权对于国家制度变革的作用。他认为"国家是自由的最高定在，是意识到自身的理性的定在"③，即国家制度是自由精神的实现。国家制度与立法权两者之间的关系在于：立法权的前提是国家制度，立法权从属于国家制度或处于国家制度范围之内，故国家制度决定立法权，立法权是国家制度的一部分。因此，立法权的任务在于一方面按照国家制度的性质从法律层面论证国家制度存在的合理性，另一方面按照国家制度为其确定的使命有意识地通过国家法律的不断完善间接地改变国家制度。也就是说，通过法律的不断完善使国家制度以从外观看是平静的、觉察不到的方式而非像法国大革命那样的暴力革命的方式"变异着"，从而使国家制度变成同以前完全不同的状态。

实际上，一方面，由于黑格尔将国家制度确定为立法权的前提以及惧怕如暴风般的法国大革命式的变革国家制度的人民革命，所以他不仅没有解决国家制度与立法权之间的矛盾，而且造成了立法权对于国家制度既维护之又革新之的新矛盾，更重要的是没有说明国家制度为什么根据法律是合乎理性地"存在着"而在现实中却实际地"变易着"的问题，因此黑格尔所希求的通过不断完善法律来变革国家制度的方式是不合理的。另一方面，黑格尔将立法权从

①　马克思恩格斯全集：第3卷 [M]. 北京：人民出版社，2002：66.
②　马克思恩格斯全集：第3卷 [M]. 北京：人民出版社，2002：69.
③　马克思恩格斯全集：第3卷 [M]. 北京：人民出版社，2002：71-72.

属于国家制度并且认为其仅涉及国家一般的具体法律事务和国内事务的做法，在根本上抹杀了立法权代表人民普遍利益和自由的本质。黑格尔之所以对关于国家与立法权的关系有这种错误认识，原因在于他用现存的东西来衡量观念，即以现存的政治国家为前提来考察国家制度与立法权的本质关系。实际上，现存的国家制度是相互分离对立的、本质上权力相异的政治国家与市民社会之间的一种妥协性的契约，这致使从属于国家制度的立法权沦为只是披露和表述法律的工具，而无法体现政治国家和市民社会两者中谁有权改变国家制度本身和有权改变整体，丧失了它维护人民普遍利益和自由的法律本性，因此在现存的国家制度中，自由对于人民而言是一种政治幻想。

对此，马克思站在人民的立场上来看待和解析立法权与国家制度两者之间的关系以及国家制度的变革问题。国家制度的前提是立法权，即"立法权是组织普遍东西的权力。它是规定国家制度的权力。它高居于国家制度之上"①。所以立法权反对的不是一般的国家制度，而是特定的过时的国家制度。立法权本质上是人民意志和自由的体现，即"立法权代表人民，代表类意志"②。因此国家制度理应是维护代表人民利益和自由的立法权的国家组织形式，而一旦国家制度不再是人民意志的现实表现而沦为陈旧的国家制度，人民有权对之进行革命并废除之，建立属于人民、保障人民自由的新的国家制度。因此，一种国家制度要想持存和避免被人民革命粉碎，就不能因循守旧，而应与时俱进，自觉地使"前进成为国家制度的原则"③，而要实现这一点就必须使"人民成为国家制度的原则"④，因为人民是国家制度的实际承担者，是历史进步的动力。

2. 等级制议会对于保障人的现实自由而言是形式存在

黑格尔认为，如行政权中的政治官僚是国家在市民社会中的代表一样，作为立法权的等级要素（或等级差别）是市民社会向国家委派的代表人民公众意识和普遍事务的代表团，因此人民的利益诉求和普遍自由得以通过拥有立法权的等级要素获得保障，而且国家与政府也能够通过立法权中的等级要素将自身的信念和意愿输入人民的主观意志中，这样等级要素就成为了实现市民社会与政治国家同一的中介或中项。对此，马克思从多个角度予以了批判。

---

① 马克思恩格斯全集：第3卷 [M]. 北京：人民出版社，2002：70.
② 马克思恩格斯全集：第3卷 [M]. 北京：人民出版社，2002：73.
③ 马克思恩格斯全集：第3卷 [M]. 北京：人民出版社，2002：72.
④ 马克思恩格斯全集：第3卷 [M]. 北京：人民出版社，2002：72.

（1）等级要素在立法权中是一种奢侈品。等级要素是现代社会中市民社会与政治国家分离和对立的必然表现，是人分裂为抽象的公民和自利的私人的必然表现，因此，等级要素中的国家公民由于脱离自己现实的、经验的市民社会生活，而成了一种与真正的现实性对立的抽象的存在物即陷于抽象的国家理想主义者。因此，基于市民社会与国家分离的等级要素因其丧失了和脱离了其内容即代表市民社会中人民的普遍利益的实体性本质，而使其所代表的公众意识和普遍事务只是形式的、虚假的存在，即"等级要素是作为人民事务的国家事务的虚幻存在"①，"是市民社会的政治幻想"②。而且，由于官僚体制的缘故，政治官僚主观断定并造成了"人民不清楚自己想要什么"，从而"独占"了关于国家"普遍事务"的一切知识，反过来，这种"独占"本身又成了现代国家的现实的普遍事务。再加上各等级的意志不是源于真正的普遍利益即人民利益，而是源于一种与之对立的抽象政治国家的抽象普遍利益。所以这一切加剧了等级要素的虚幻性、形式性和象征性，使其在政治国家中对于普遍事务以及政治官僚而言只是一种多余的奢侈品。等级会议中"只有形式的东西才是现实的普遍事务"③，而人民的利益和自由在其中并没有真正地得到保障，所以等级要素作为国家与市民社会的同一性仅仅具有象征性和虚幻性。因此，黑格尔的错误"不在于他按现代国家本质现存的样子描述了它，而在于他用现存的东西冒充国家本质。合乎理性的是现实的，这一点正好通过不合乎理性的现实性的矛盾得到证明，这种不合乎理性的现实性处处都同它关于自己的说明相反，而它关于自己的说明又同它的实际情况相反"④。

（2）中世纪的等级要素在现代社会中已不存在。黑格尔认为市民社会中的私人等级理应与政治意义上的政治等级相一致或相同一，如此便能够结束市民社会与政治国家的分离而实现其同一。也就是说，私人等级因参与立法权而获得政治意义，从而代表市民社会的普遍利益，而中世纪正是这种同一的顶峰。但是，实际上，这种一致性或同一性对于现代国家而言是一种不可回复的过往历史，是一种在现代国家中因没有存在的现实土壤而已经不复存在了的历史陈旧品，因为现代国家的产生和建立正是以市民社会与政治国家的分离和对立为基础的。因此中世纪的等级与黑格尔所谈的等级是完全不一样的：中世纪

① 马克思恩格斯全集：第3卷［M］. 北京：人民出版社，2002：78-79.
② 马克思恩格斯全集：第3卷［M］. 北京：人民出版社，2002：79.
③ 马克思恩格斯全集：第3卷［M］. 北京：人民出版社，2002：80.
④ 马克思恩格斯全集：第3卷［M］. 北京：人民出版社，2002：80-81.

的私人等级之所以是政治等级；或者说，中世纪的私人等级与政治等级之所以同一，不是因为私人等级参与了立法权而使自身成为政治等级，而是因为私人等级本身"天然地"就是政治等级才参与立法权。但是，在现代国家中，市民社会的私人等级已经失去了其在中世纪所享有的重大政治作用和政治意义，而现代唯一的等级就是具有绝对行政权的官僚机构本身以及在其中供职的"普遍等级"即官僚等级，所以"私人等级是同国家相对立的市民社会等级。市民社会的等级不是政治等级"①。

因此，黑格尔关于市民社会的私人等级通过立法权的获得来成为政治等级以弥合市民社会与政治国家分离的观点是已经过时的思想。进一步而言，关于这一点可以从私人要素随着市民社会与政治国家的分离而由中世纪到现代社会的发展历程获悉。一方面，基于市民社会与政治国家的分离的历史发展，中世纪的政治等级"变体"为社会等级或市民等级，致使人民的单个成员在政治国家的"天国"中是平等的，而在市民社会的"尘世"中却是不平等的，就如基督徒在天国是平等的而在尘世中却是不平等的一样。这种"变体"发端于君主专制政体中，那时社会各等级的社会差别依旧是政治差别，社会等级依旧作为政治等级与"实现了反对一个国家中有许多不同国家的统一思想"② 的官僚政治相对立且并存着。"变体"最终完成于法国大革命时期，法国大革命完成了政治等级向私人性的社会等级的演进过程。或者说，法国大革命彻底消除了等级的社会差别的中世纪时期的政治意义而使其变为对于政治生活而言没有意义的私人生活的差别，实现了市民社会与政治国家的分离，人类社会进入了现代社会，而官僚等级成了唯一的具有中世纪意义的等级。另一方面，现代社会中市民社会内部出现了裂变。与市民社会和政治国家的分离相伴随的是市民社会内部也发生了相应的变化，出现了不同于中世纪的社会等级的"现代等级"。就等级而言，现代社会唯一存在的具有中世纪性质的等级只剩官僚机构中的官僚等级，它们"是政治地位与市民地位吻合一致的真正等级"③，而市民社会内部原有的以"需要和劳动"即自然因素为原则，同时以政治为原则的私人等级差别已不存在，仅有的也只是普遍的、形式的、表面的城乡差别。现代市民社会内部已裂变为"以任意为原则的流动的不固定的集团"④，

马克思现实自由思想的缘起探究

① 马克思恩格斯全集：第3卷［M］. 北京：人民出版社，2002：95.
② 马克思恩格斯全集：第3卷［M］. 北京：人民出版社，2002：100.
③ 马克思恩格斯全集：第3卷［M］. 北京：人民出版社，2002：101.
④ 马克思恩格斯全集：第3卷［M］. 北京：人民出版社，2002：100.

金钱和教育或享受和享受能力成了其主要原则和标准。因此，现代等级不像中世纪社会等级那样对于个人是一种客观共同体，它对个人而言仅仅是一种没有法律约束和非个体劳动所产生的外在规定，对个人的活动和地位毫无现实关系，如两个商人可以分属不同的等级和处于不同的社会地位。而且，现代社会出现了处于社会最底层并是其他等级赖以存活的社会等级（马克思意指无产阶级），即"丧失财产的人们和直接劳动的即具体劳动的等级，与其说是市民社会中的一个等级，还不如说是市民社会各集团赖以安身和活动的基础"①。

因此，在现代社会中人本身出现了政治异化：由于市民社会与政治国家的分离、市民与公民的分离，一方面，现实的人作为个体只有在政治意义上脱离了市民社会即私人等级这一整体并作为纯个体性的存在而成为国家公民时，才会具有"社会存在物"的意义并因而表现和获得"人"的意义和规定；另一方面，现实的人在与政治国家分离的市民社会中的其他一切规定，尽管是他与"整体"即市民社会的私人等级或社会等级相联系的纽带，是他生存于"整体"中所必需的，但可以不断地重新拥有或者摈弃的外在的、非本质的规定。因此"现代的市民社会是实现了的个人主义原则"②，在这里差别、分离是单个人存在的基础，个人在其私人领域的狭小空间中将自身的特殊性变为他的实体性意识，即个人自身的存在为最高和最终目的，他的活动、他人对他而言则是手段，这使个人相对于他人和社会而言成了具有排他性的"例外"，他作为单个人的生活方式和活动成了他的特权，因此，"现实的人就是现代国家制度的私人"③。

（3）等级要素自身内含着"双重"矛盾。黑格尔之所以希望在立法权中恢复中世纪的等级制度，意在以复旧的方法来消除政治国家和市民社会的"二元性"，证明政治国家决定市民社会，而非市民社会决定政治国家。实质上，黑格尔所解释的等级要素本身就体现为市民社会与政治国家的二元性，它汇集了现代国家组织的一切矛盾：一方面，"各等级是与政府相对立的人民，不过是缩小了的人民"④；另一方面，等级要素充当行政权的部分角色，"各等级是与人民相对立的政府，不过是扩大了的政府"⑤，前者使等级要素相对于

① 马克思恩格斯全集：第3卷［M］．北京：人民出版社，2002：100-101.
② 马克思恩格斯全集：第3卷［M］．北京：人民出版社，2002：101.
③ 马克思恩格斯全集：第3卷［M］．北京：人民出版社，2002：102.
④ 马克思恩格斯全集：第3卷［M］．北京：人民出版社，2002：87.
⑤ 马克思恩格斯全集：第3卷［M］．北京：人民出版社，2002：87.

政府而居于人民的地位，后者使等级要素相对于人民而居于政府的地位。如此，等级要素便成了政府与人民两者之间的中项，使政府与人民两者之间的对立似乎通过各等级与人民的对立而得到了协调和缓解，进而实现了政治国家与市民社会的同一。但是，这种同一具有虚假性，因为等级要素使现实的人民对于政府而言体现为一种幻想性的抽象观念，而它本身又作为一种"特殊权力"而与现实的人民本身相分离，从而使现实的人民失去了在国家事务中的话语权和决定权。等级要素本身作为"双重的"或"二元性"主体，在立法权中貌似是调和极端的中介和同一，实为市民社会与政治国家、人民与政府之间对立和矛盾的体现，因此立法权本身内在地包含着不可调和的矛盾，因为这样的立法权本质上是作为脱离市民社会的和现实的人民的抽象的政治国家的立法权，而不是作为人民的整体存在的国家的立法权或作为人民高于国家整体的国家的立法权。

基于以上三方面内容的分析可以得出两点结论。一是黑格尔力图以中世纪等级要素来解决现代国家立法权自身内部的二律背反问题的方式是一种荒谬的混合主义："既然市民等级本身是政治等级，那就不需要这种中介；既然需要这种中介，那市民等级就不是政治等级，因而也就不能充当这种中介……黑格尔希望有中世纪的等级制度，然而要具有现代意义的立法权；他希望有现代的立法权，然而要具有中世纪等级制度的外壳。这是最坏的一种混合主义。"① 二是现代国家所宣扬的国家利益即是人民利益的观点具有虚假性和形式性。国家利益在实质上是同真实的人民利益对立且并存着的、具有虚幻普遍性的特殊利益，是脱离人民现实生活的毫无意义的"调味品"和"仪式"。因此，立宪国家的等级要素的虚幻本质在于："等级要素是立宪国家批准的法定的谎言：国家是人民的利益。或者说，人民是国家的利益。这种谎言在内容上会不攻自破。"② 立宪国家是形而上学的国家权力，是形而上学的国家幻想的最适当的安身之所。相反地，在真正的国家中，立法权以人民为原则，坚持人民本身就是普遍事物的原则，普遍事务不再是某个个人或集团的事务而是社会的、人民的事务，从而破除等级要素的虚幻的形式存在，使之回归它代表人民利益的真实内容。因此，在真正地体现人民意志和利益的国家中，市民社会各等级"会把自己的特殊性变成整体的决定性权力。它们会成为高于普遍东西的特殊

---

① 马克思恩格斯全集：第3卷［M］. 北京：人民出版社，2002：119.
② 马克思恩格斯全集：第3卷［M］. 北京：人民出版社，2002：82.

东西的力量。立法权力机关也不会只有一个，而是有许多，它们彼此之间以及同政府之间都可达成协议"①。

3. 享有政治特权的贵族等级是实现人的现实自由的障碍

黑格尔认为立法权中的等级要素包含了两个部分：一个是天生的政治等级即占有土地的贵族等级，即等级要素中"不动的部分"；另一个是需要市民社会选举和委派的议员，即等级要素中"流动的部分"。其中，对于贵族等级而言，政治国家出于政治需要和目的，通过国家法确立贵族等级在地产上的长子继承权制度以保证这个等级天生的是政治等级。也就是说，政治国家需要并决定贵族等级必须保持其财产即"世传地产"上的长子继承权制度，使"世传地产"具有"无依赖性"和不可让渡的特质，这样长子继承权享有者不仅与生俱来地成为政治等级，而且因其财产的特质而具有政治上的无依赖性和独立性，从而公正地从事国家事务。贵族所占地产具有的"无依赖性"在于：这种财产不依赖于商业意义上的社会需求；不依赖于社会恩赐或捐赠；不依赖于国家政权；不具有任意性，即贵族等级没有任意处理自己地产的权利，不能像其他市民那样自由处理财产或按一视同仁的办法将财产转给所有子女。因此，不同于依赖于国家财产的官僚等级或依赖于社会需求的产业等级，以地产为基础的贵族等级是不依赖于"外在"财产或因素的独立自主的特殊等级。因此，贵族等级作为"拥有独立财产的人不受外部环境的限制，这样，他就能够毫无阻碍地出来为国家做事"②。

对于黑格尔为贵族等级所做的政治辩护，马克思从以下三个方面做了批判：

首先，地产不是因黑格尔以上所阐述的那些原因才具有无依赖性，而是因为地产本身的无依赖性。这些原因实际上是地产无依赖性的表现，故黑格尔在这里犯了"倒因为果，倒果为因，把规定性因素变为被规定的因素，把被规定的因素变为规定性因素"③的逻辑错误。

其次，黑格尔在地产问题上混淆了财产与私有财产的区别即私有制和财产之间的对立关系，而且主观地认为政治国家规定或决定作为私有财产的地产的长子继承权制度。地产之所以具有无依赖性的真实原因，不在于它是如以上所

---

① 马克思恩格斯全集：第3卷［M］．北京：人民出版社，2002：113.

② 马克思恩格斯全集：第3卷［M］．北京：人民出版社，2002：121.

③ 马克思恩格斯全集：第3卷［M］．北京：人民出版社，2002：124.

言的那样是一般意义上的"特殊"财产，而在于其本质是独立自主的、特殊的"私有财产"。也就是说，地产不"具备财产的形式，即由社会意志设定的财产的形式"①，它作为私有财产是不为社会关系和社会意志所左右的，反而前者决定后者。这样，贵族等级的所谓长子继承权制度仅仅是地产的"不可让渡"的内在本性的外在表现形式。因为"地产是不可让渡的，所以它的社会神经被割断了，它同市民社会的隔离也得以固定下来"②。例如，以"爱"为原则或以"自然伦理生活"为基础的最小的自然团体即家庭也难以将地产按一视同仁的方式分配于所有子女，而只有长子可以继承地产，因此作为私有财产的地产具有违反人性的"冷酷本性"，所以地产上所体现的私有财产的原则是与家庭的原则相矛盾的，而占有地产的贵族等级则是拒绝和反对家庭生活的私有制的"野蛮力量"。

因此，"政治制度就其最高阶段来说，是私有财产的制度。最高的政治信念就是私有财产的信念"③，即私有财产既是国家制度的支柱，更是国家制度本身。而长子继承权是私有财产的独立自主本性的最高级表现形式，是私有财产与社会神经割裂的冷酷本性的最典型的表现，即"长子继承权是完全的土地占有的结果，是已成化石的私有财产，是发展到最富有独立性和鲜明性的私有财产"④。正是基于此，贵族土地占有者或长子继承权享有者才能参与政治国家、参与立法权，这是私有财产决定和规定政治国家的结果，而非如黑格尔所言出于政治国家的政治需要的结果和产物。政治国家对于私有财产的价值和意义在于：它通过立法的形式保障了私有财产不为社会关系和社会意志所左右的独立性，即"国家破坏了家庭和社会的意志，但它这样做，只是为了让脱离开家庭和社会的私有财产的意志得以存在，并承认这种存在是政治国家的最高存在，是伦理生活的最高存在"⑤。同时，"私有财产的真正基础，即占有，是一个事实，是无可解释的事实，而不是权利。只是由于社会赋予实际占有以法律规定，实际占有才具有合法占有的性质，才具有私有财产的性质"⑥。因此，如长子继承权之类的私有制不是给私人权利的自由戴上的沉重的锁链和枷

---

① 马克思恩格斯全集：第 3 卷［M］．北京：人民出版社，2002：123.
② 马克思恩格斯全集：第 3 卷［M］．北京：人民出版社，2002：123.
③ 马克思恩格斯全集：第 3 卷［M］．北京：人民出版社，2002：123.
④ 马克思恩格斯全集：第 3 卷［M］．北京：人民出版社，2002：124.
⑤ 马克思恩格斯全集：第 3 卷［M］．北京：人民出版社，2002：124.
⑥ 马克思恩格斯全集：第 3 卷［M］．北京：人民出版社，2002：137.

马克思现实自由思想的缘起探究

锁，反而是绝对意义上的私人权利的自由，因为它摆脱了世俗世界中一切社会的、伦理的枷锁。但是，实质上，私有财产或私有制却由人本身及其意志和行为的特定客体而变为主体，而人本身及其意志和行为则成了私有财产的特定谓语。也就是说，不是人占有私有财产，而是私有财产占有人，不是长子继承了地产，而是地产继承了长子，所以"私有财产的'不可让渡'同时就是普遍意志自由和伦理的'可以让渡'"①，人的私人权利的自由以及伦理道德除了私有财产的内容外不具备任何其他的内容。一句话，人沦为了私有财产的奴隶。因此，马克思一针见血地指出：私有制或"私有财产的人性化、人化是人类弱点"②。也就是说，透过私有制或私有财产听不到人心的跳动、看不到人对人的依赖，故它是没有人情味的冰冷的化石。

最后，黑格尔为贵族等级的政治特权进行了荒谬的政治辩护。黑格尔认为基于国家的政治需要，长子继承权享有者因其财产即地产的无依赖性或"不可收买"而具有政治上的独立性、无依赖性和"不可收买"等特质。这是一种最高的政治美德，凭此，长子继承权享有者"生而具有"参与国家事务和立法权的政治能力和政治权利。但是，实质上，贵族等级所有的政治权利是一种政治统治特权，因为其依据是地产的"不可收买""不是政治国家的精神，它在政治国家中不是通则，而是例外"③。也就是说，地产是脱离政治国家和市民社会的私有财产，而贵族等级是与其相适应的脱离了政治国家和市民社会的"私人"，即贵族等级既不像产业等级那样依赖于社会需求，也不像官僚等级那样依赖于国家财产，故这种"脱离"使贵族等级作为市民社会与政治国家在立法权中的中介是一种虚幻的、抽象的中介。另外，对于市民成员而言，参与立法权是天赋的人权，故他们是天赋的立法者，是政治国家与其市民社会的天赋中介，而选举是联系政治国家与市民社会的桥梁。但是，贵族等级却因肉体出生的偶然性而获得立法机关中的高位显职，成为国家最高使命的化身，这样国家立法权力就成了贵族的家庭遗产，即贵族的肉体成了其社会权利。这是用人的自然出生来决定人的政治和社会地位、用自然规定决定社会规定、用出生设定的"自然的个体"直接同一于作为社会产物的社会地位、社会职能的"个体化的个体"的一种野蛮和落后的历史现象，就如同君王因其自然规

---

① 马克思恩格斯全集：第3卷［M］.北京：人民出版社，2002：126.
② 马克思恩格斯全集：第3卷［M］.北京：人民出版社，2002：126.
③ 马克思恩格斯全集：第3卷［M］.北京：人民出版社，2002：129.

定生来就是国王、王位是其家庭遗产一样。"由于出生，某些个人与国家的最高活动符合一致，这就如同动物生来就有它的地位、性情、生活方式等一样。国家在自己的最高职能中获得动物的现实。"① 但是，一个人成为某项国家职能的承担者不应是由自然出生决定的，而应由社会认同来决定，所以社会的类的产物不能由自然的类的直接产物决定，即"我凭借出生就成为人，用不着社会同意，可是我凭借特定的出生而成为贵族或国王，这就非有普遍的同意不可"②。所以，贵族等级以血统、家世即自身肉体的生活史为傲的观念实质上是一种动物学世界观，即"贵族的秘密是动物学"③。

对于与贵族等级相对立的等级要素中的"流动部分"而言，恢复立法权代表人民普遍利益诉求的本性的关键问题不在于市民社会通过议员还是全体人员单个地行使立法权，而在于进行民主政治改革即选举改革，即"扩大选举并尽可能普及选举权，即扩大并尽可能普及选举权和被选举权"④，因为选举是市民社会与政治国家两者之间实际存在的、最为直接的联系，是"现实市民社会的最根本的政治利益"⑤。只有通过如此的选举改革，市民社会才会真正地上升为或成为作为自身普遍本质的存在的政治存在，而这时也意味着市民社会与政治国家分离和对立关系的结束，实现两者的真正统一，因为"选举改革就是在抽象的政治国家的范围内要求这个国家解体，但同时也要求市民社会解体"⑥。更为重要的是，由于立法权本身就是政治国家与市民社会宗教式分离的表现，而人民通过选举改革结束政治国家与市民社会的分离，所争取到的就不再是立法权，而是实际的管理权，这时人的政治异化将会结束，人的现实自由才有现实可能性。

第二节　现实自由的历史承担者

由于《莱茵报》的查封所导致的失业，使马克思又一次感到了生活压力和自己在知识分子阶层中是一个失败者。因此，对于马克思而言，《莱茵报》

① 马克思恩格斯全集：第3卷 [M]. 北京：人民出版社，2002：131.
② 马克思恩格斯全集：第3卷 [M]. 北京：人民出版社，2002：131-132.
③ 马克思恩格斯全集：第3卷 [M]. 北京：人民出版社，2002：132.
④ 马克思恩格斯全集：第3卷 [M]. 北京：人民出版社，2002：150.
⑤ 马克思恩格斯全集：第3卷 [M]. 北京：人民出版社，2002：150.
⑥ 马克思恩格斯全集：第3卷 [M]. 北京：人民出版社，2002：150.

的成功一度使他想继续从事新闻出版事业，一方面为了解决谋生的迫切需要，另一方面可以继续批判社会现实和宣传革命思想，于是他和卢格决定在法国巴黎创办《德法年鉴》以实现他们的目标。本节所涉及的两篇文章即《论犹太人问题》与《〈黑格尔法哲学批判〉导言》是马克思大约于1843年10月中旬至12月中旬所写就的并发表于《德法年鉴》。这两篇文章所涉及的内容在总体上表明马克思此时已经把目光聚焦于人的解放及其历史承担者即无产阶级。对于这两篇文章在马克思思想发展历程中的重要意义，列宁曾给予过高度评价："马克思在这个杂志上发表的文章表明他已经是一个革命家。他主张'对现存的一切进行无情的批判'，尤其是'武器的批判'；他诉诸群众，诉诸无产阶级。"①

一、现实自由的终极目的在于人的解放

《论犹太人问题》是马克思为了批驳青年黑格尔派的代表人物鲍威尔关于犹太人的解放问题的错误观点而发表在《德法年鉴》上的第一篇文章，这篇文章成了马克思与青年黑格尔派开始公开论战的标志。马克思依旧站在现代国家中市民社会与政治国家的分离的现实基础上，批判了资本主义所实现的政治解放及其所宣扬的人权所给予人的自由的虚幻性，批判了资本主义制度下金钱势力对人的奴役，继而首次提出了在现代社会中人获取真正的自由在于超越政治解放的限度以及破除金钱势力对于人的奴役以实现人的解放的论题。

（一）超越政治解放的限度而达到人的解放

鲍威尔认为人的解放包含两个方面：一方面，无论是犹太人还是基督徒都应放弃各自的宗教以消除两者之间的宗教分离和宗教对立，以求作为公民获得解放；另一方面，必须使政治领域或国家从宗教政治影响和束缚中解脱出来。也就是说，在政治层面上废除宗教的政治存在，从而实现宗教的完全的彻底的废除，进而消除封建主义的基督教国家并实现世俗的政治国家即资本主义性质的自由主义国家。在这样的非宗教的政治国家中，包括犹太人、基督徒在内的所有人都将获得人权和公民权，都将享有平等权利，不再存在宗教偏见和宗教分离。因此，对于犹太人解放问题，鲍威尔认为这不是犹太人自身独具的特殊的解放问题，而是一个具有普遍意义的解放问题，即犹太人只有在追求人的解

---

① 《列宁全集》第26卷［M］.北京：人民出版社，1988：49.

放的时候才能实现自身的解放，否则他就是利己主义。马克思肯定了鲍威尔对基督教国家的批判；但是，指出在政治上废除宗教的政治国家中，宗教并没有真正地被彻底废除，因为它不但变成了个人具有纯粹的、完全的私人性质的事务，而且富有生命力地、朝气蓬勃地存在和发展着，这个客观的事实说明宗教的存在与国家的存在并不矛盾。显然，鲍威尔关于人的解放的观点存在两点错误：一是他所谈的"人的解放"实质上是政治解放，他将政治解放混同于人的解放，对两者的理解都是错误的，即"鲍威尔的错误在于：他批判的只是'基督教国家'，而不是'国家本身'，他没有探讨政治解放对人的解放的关系，因此，他提供的条件只能表明他毫无批判地把政治解放和普遍的人的解放混为一谈"①；二是他依旧停留于探寻政治解放的历史阶段，而时代的发展已经从探寻政治解放转为探寻人的解放的历史阶段，因此鲍威尔在解放问题上是落后于时代发展的，"政治解放对宗教的关系问题已经成了政治解放对人的解放的关系问题"②。据此，有必要分析和厘清政治解放的局限性。

1. 基督教国家与政治国家之间存在着明确的差别

一方面，以基督教为自己基础和国教的国家并不是"完成了的基督教国家"，因为它是以宗教形式而非国家形式信奉基督教的。也就是说，它没有以世俗形式承认宗教的基础实质上是市民社会及生活于其中的现实的人，没有将宗教从公法领域驱逐到私法领域并将其作为自己的前提，即市民社会的众多世俗要素之一；相反地，它却将自己的合法性诉诸人的实质的虚构形象即上帝，所以在这样的国家中人民是没有任何意志的，他们的真实存在体现于其所隶属的国王，而国王之所以成为国王是上帝所赐，与人民没有任何关系，故人民是一种非人民。因此，"在所谓基督教国家中，实际上起作用的是异化，但不是人"③，而"基督教对它来说是它的不完善性的补充和神圣化"④，所以这样的宗教国家是不完善的、伪善的国家。另一方面，摆脱了宗教因而完成了政治解放的现代民主制国家是"完成了的基督教国家"，因为它不需要宗教在政治上充实自己，它在政治上废除宗教并将其列为市民社会要素之一，从而用政治解放的方式恢复并承认宗教乃至国家的基础是市民社会以及生活于其中的现实的

马
克
思
现
实
自
由
思
想
的
缘
起
探
究

---

① 马克思恩格斯全集：第3卷［M］．北京：人民出版社，2002：167-168.
② 马克思恩格斯全集：第3卷［M］．北京：人民出版社，2002：169-170.
③ 马克思恩格斯全集：第3卷［M］．北京：人民出版社，2002：178.
④ 马克思恩格斯全集：第3卷［M］．北京：人民出版社，2002：176.

人，即"用世俗方式实现了宗教的人的基础"①。

2. 政治解放本身有着明确的限度

不可否认，政治解放在人类获取自由的历史进程中具有积极作用，但是不能对政治解放的限度产生错觉，将其与人的解放相混同，必须对其批判以探寻人的真正解放。资产阶级革命所实现的政治解放或建立的政治国家是建立在市民社会与政治国家分离和对立的基础上的。这种政治解放赋予了社会成员在政治国家层面平等地参与国家事务的公民权和在市民社会层面以自由、平等、安全、财产等为内容的人权，承认了人本身是政治国家和市民社会的基础。也就是说，人通过政治国家这一必不可少的中介在政治上使自身摆脱了封建的政治束缚。例如人通过政治国家这个中介在政治上废除宗教以使自身摆脱宗教的政治束缚和限制，实现了对封建的政治束缚的政治超越，从而在政治上实现了对人本身的承认和复归，这是政治解放的进步意义。因此，政治国家是人承认和复归于自身的中介方式，"是人以及人的自由之间的中介者"②。但是，政治解放的进步之处也是政治解放本身的限度和局限性，因为，现实的人对自身的承认和复归是通过政治国家这一中介来实现的，而这一中介本身就意味着人对自身的承认和复归是一种有限的、间接、局部的承认和复归，而不是完全的、直接的、全面的承认和复归。例如，政治国家对宗教的关系实质上是组成政治国家的现实的人对宗教以及对自身的关系。当国家从宗教等封建的政治影响和束缚中解脱出来并变为资本主义性质的自由主义国家的同时，尽管现实的人也在政治层面上从封建的政治影响和束缚中解放出来，承认了自身是宗教的基础。但是，这种解放仅仅属于政治范围内，因为人在实际的世俗生活中依旧没有从宗教的影响和束缚中完全解放出来，依然受到宗教的影响和束缚，依然不是"全面自由"的人。因此，政治解放为现代资本主义国家带来了政治异化现象或者说悖论，而对于政治解放本身的限度的认识应从政治国家的世俗结构、从政治国家与市民社会的世俗要素的矛盾中寻找答案。

（1）由于政治国家与市民社会是处于分离和对立中的两个截然不同的领域，现实的人本身也陷入分裂和矛盾，即每一个现实的人自身分裂为公人和私人，对应的权利则是虚幻的公民权与人权。一方面，政治国家同市民社会相比而言，是人的类生活领域。在这样的国家共同体的生活中，人把自己看作类存

---

① 马克思恩格斯全集：第3卷［M］. 北京：人民出版社，2002：176.
② 马克思恩格斯全集：第3卷［M］. 北京：人民出版社，2002：171.

在物和社会存在物，是享有主权的最高存在物，但是这里作为享有主权的人却是一种脱离市民社会现实的个人生活的、异己于现实的人的虚构的类存在物、抽象的人，不是真正意义上的人，即"他被剥夺了自己现实的个人生活，却充满了非现实的普遍性"①。因此，它对应的公民权本身也就具有非现实的普遍性、抽象性和形式上的意义。公民权是属于政治自由范畴的权利，是公民参与政治国家的权利，反映了人的社会本质。尽管这种本质还依然是虚构抽象的本质，但是人的解放将从破除这种社会本质的抽象性以实现其真实性来获得。另一方面，市民社会是以利己的物质生活为自己的内容的，在这种最直接的现实生活中，人是活生生的个体化的现实的存在物，但是这种存在物却是一种虚幻的存在物，因为人是相互分离和对立的、与社会共同体分离和对立的单个的人，在这里"人作为私人进行活动，把他人看作工具，把自己也降为工具，并成为异己力量的玩物"②。与这种私人对应的权利即是人权。人权是与公民权不同的、市民社会成员的具有私人性的权利，包括自由、平等、财产和安全等内容。但是，这种权利的实现不是基于人与人之间合作和结合，而是分离和对立，它使人不是把他人看作自己权利的实现，而是看作自己权利的限制，故它是使人局限于自身的、孤立的、狭隘的个人权利，是个人与他人、共同体分离和对立的利己的权利。所以，在本质上，人权是资产阶级社会内部分裂和对立的结果和表现而不具有真正的社会性，它以利己主义作为自己的原则并使之成为资本主义社会中占主导地位的普遍精神，即"在这些权利中，人绝对不是类存在物；相反，类生活本身，即社会，显现为诸个体的外部框架，显现为他们原有的独立性的限制。把他们连接起来的唯一纽带是自然的必然性，是需要和私人利益，是对他们的财产和他们的利己的人身的保护"③。所以，针对鲍威尔认为犹太人不放弃自己的宗教就不能获得人权的观点，马克思指出犹太人不放弃自己的宗教也能够获得人权，即信仰的特权正是普遍人权。因此，对于人权的本质"只有用政治国家对市民社会的关系，用政治解放的本质来解释"④ 才能得以认识。

因此，在完成了、实现了政治解放的国家中，人本身分裂于政治层面和世俗层面，不论在精神上还是肉体上，都过着二元性的、双重的生活，一个是天

马克思现实自由思想的缘起探究

① 马克思恩格斯全集：第3卷 [M]. 北京：人民出版社，2002：173.
② 马克思恩格斯全集：第3卷 [M]. 北京：人民出版社，2002：173.
③ 马克思恩格斯全集：第3卷 [M]. 北京：人民出版社，2002：185.
④ 马克思恩格斯全集：第3卷 [M]. 北京：人民出版社，2002：182.

国的生活、类生活、政治生活，另一个则是尘世的生活、个人生活、市民生活，而这一切的根源就在于政治国家与市民社会的分裂，以及普遍利益与私人利益的冲突。因此，人依然是一种具有偶然存在形式的人，受非人的关系和自然力控制的人，因整个政治和社会组织而堕落、丧失了自身的人，即非现实的类存在物。

（2）政治国家与市民社会的分离，意味着政治解放本身有着不可克服的内在矛盾，意味着普遍利益与私人利益的对立和冲突，即公民权、政治国家与人权相矛盾。一方面，政治革命或政治解放的目的本是争取参与国家事务的公民权，可是政治国家在实现之后，往往颁布保障人权的法律，如《人权宣言》，从而使政治解放乃至公民权被贬低为获取和维护人权的手段，出现了本末倒置的现象，目的成了手段：人权是作为单个存在物的、利己的人的权利，这样人在政治领域中的公民身份就沦为在市民社会的私人领域中私人身份的奴仆。人不是作为社会存在物（尽管其在政治国家中反映了人的社会本质，但还具有抽象性和虚构性，而对这种社会本质的追求将导致人的解放）的公民，而是作为单个存在物的私人，才被看作是现实的人即"真正的人"（但是这种"真正的人"实际上因其自身利己主义的局限性而不是真正的人，因为人不应该作为单个存在物，而应该作为社会存在物，作为非政治国家所实现的抽象公民的社会存在物）。另一方面，政治国家的目的是保障人权。可是在现实生活中，一旦人权与政治国家发生冲突时，政治国家就会抛弃人权，使其不再是权利，即人权常常受到作为其手段的政治国家的侵犯和剥夺。这样手段又成了目的，例如政治国家将安全宣布和规定为基本的人权，可是政治国家却往往不顾这一人权，公然地侵犯个人隐私并使这种侵犯行为成为一种惯行的风气。因此，目的成了手段，手段成了目的，政治国家与人权的关系陷入了难以克服的矛盾之中。

（3）政治国家以市民社会为基础，而市民社会以人的实际需要和世俗要素为基础，因此政治异化的根源在于市民社会包括物质要素与精神要素在内的世俗要素所构成的不可阻挡的自我运动（实质即资本主义社会的经济运动）。封建社会中市民社会直接具有政治性质，即家庭、财产、劳动等市民要素由于等级、同业公会、行帮、特权的存在而被规定为一种具有封建主义政治性质的要素，以使市民社会中的成员被局限于特定的封建社会组织中，这样其与自己所处的特定社会组织的关系就是与国家整体的普遍关系。但是这种关系使其与社会其他组成部分乃至国家整体处于分离的状态中，即市民社会的成员绝缘于国家事务，国家事务只是"一个同人民相脱离的统治者及其仆从的特殊事务"①。现代社会所实现的政治解放就是封建社会解体的结果。政治革命或政治解放打破了个人与国家的分离状态，即消除了市民社会的封建主义政治性质，不仅将国家事务变成社会成员的普遍事务，实现了社会成员的公民权；同时将市民社会成员分解为独立的、单个的个体、私人，并将市民社会的构成内容即包括物质要素和精神要素在内的世俗要素降低到只具有个体、私人的意义，从而还原了国家的真正基础即市民社会的利己的人的本性。也就是说，个人"就是国家通过人权予以承认的人"②，而这种承认实质上是对市民社会中构成个人的生活内容和生活条件的"精神要素和物质要素的不可阻挡的运动"③ 的承认。但是，从封建国家向政治国家的转变并没有实现人的解放，因为人表面上尽管取得了宗教信仰、占有和任意处理财产等自由，但是实在上并没有摆脱宗教、财产等世俗要素的左右。也就是说，这种自由是被资本主义社会如宗教这样的精神要素和如财产这样的物质要素的自我"运动"所左右的虚幻自由。因此，政治国家在政治上废除在选举和被选举权上的宗教、私有财产、出身、文化程度、职业等限制，将这些差别宣布为非政治的差别，从而宣告每个人都是人民主权的平等享有者，以为这样就彻底废除了这些差别。但是，实际上，这些差别依然按其特有的本质在政治国家和市民社会中发挥作用，成为使人同共同体、同自身和他人分离和疏远的非人力量和表现，而政治国家正是这些差别存在的保障，所以人并没有在政治生活和世俗生活中从这些世俗差别中实际地彻底解放出来，即"国家根本没有废除这些实际差别，相反，只有以这些差别为前提，它才存在，只有同自己的这些要素处于对立的状态，它才感到自己是政治国家，才会实现自己的普遍性"④。这表明了政治国家与市民社会处于对立统一的关系：政治国家以市民社会及其世俗要素作为自己存在的前提，是市民社会及其世俗要素得以存在和有效运行的强有力的政治保障，这是政治国家与市民社会两者关系中统一的一面；然而，这种统一又是以两者的分离和对立为前提的，例如政治国家正是在与市民社会的世俗要素的对立中才能实现自身的存在。

① 马克思恩格斯全集：第3卷［M］．北京：人民出版社，2002：185.
② 马克思恩格斯全集：第3卷［M］．北京：人民出版社，2002：187-188.
③ 马克思恩格斯全集：第3卷［M］．北京：人民出版社，2002：188.
④ 马克思恩格斯全集：第3卷［M］．北京：人民出版社，2002：172.

马
克
思
现
实
自
由
思
想
的
缘
起
探
究

综上所述，尽管政治解放对人的解放程度而言是一种进步，即"在迄今为止的世界制度内，它是人的解放的最后形式"①，是在政治国家即资本主义国家中人所能企求的唯一的解放形式。但是，正因为政治解放本身难以超越自身以达到真正的人的解放的界限和限度，故而政治解放还不是没有矛盾的、实现人的真正自由的彻底的人的解放。所以政治国家与市民社会的分离和冲突以及其所带来的政治异化是现代资本主义国家的通病。

3. 人的解放的现实条件或可能性

"任何解放都是使人的世界和人的关系回归于人自身"②，但是政治解放并没有使人真正地、直接地、全面地回复于自身。政治解放使人从封建社会解体中以中介的方式回归于人自身，但这正是它的缺点和限度。政治解放导致了人自身的分裂。一方面，在政治国家层面，人将自我意识集中于政治行为而具有社会性，人成了政治人、公民和法人，但是这种社会性却使人往往沦为抽象的人。另一方面，在市民社会层面，人是自然人，人权表现为自然权利。因为政治解放废除了封建主义社会强加给市民社会诸如需要、劳动、私人利益和私人权利等世俗要素的政治桎梏，恢复了市民社会的利己主义精神。不像封建社会中人与人之间的关系通过封建特权表现一样，利己的人从封建的政治束缚中解放出来后，人与人之间的关系则由人权表现出来。政治国家的建立以上述市民要素为自然基础和自然前提，以利己的人作为自己的人的基础。因此市民社会中的人是感性的、单个的、直接存在的现实的人，他以利己的、孤立的个体形式出现。所以，"利己的人是解体社会的被动的、只是现成的结果，是有直接确定性的对象，因而也是自然的对象"③。因此，政治解放的缺点或限度就在于它没有对自己的前提和基础给以批判并对其给予变革。基于对政治解放局限性的理解，人类要达到人的解放，就必须克服政治异化。而要克服政治异化，就必须消除市民社会与政治国家的分离和冲突而实现两者的统一，从而结束人本身分裂为公人和私人的二元对立，实现两者的统一，即"只有当现实的个人把抽象的公民复归于自身，并且作为个人，在自己的经验生活、自己的个体劳动、自己的个体关系中间，成为类存在物的时候，只有当人认识到自身'固有的力量'是社会力量，并把这种力量组织起来因而不再把社会力量以政

---

① 马克思恩格斯全集：第 3 卷［M］. 北京：人民出版社，2002：174.
② 马克思恩格斯全集：第 3 卷［M］. 北京：人民出版社，2002：189.
③ 马克思恩格斯全集：第 3 卷［M］. 北京：人民出版社，2002：188.

治力量的形式同自身分离的时候，只有到了那个时候，人的解放才能完成"①。而要克服政治异化，就必须着眼于作为市民社会的构成内容的世俗要素所形成的不可遏制的自我运动及其所导致的人的经济的异化，其中就包括破除金钱对人的奴役以实现人的现实自由。

（二）破除金钱对人的奴役以实现人的现实自由

针对鲍威尔关于犹太人相比基督徒在自我解放上需走两步——犹太人不仅要放弃犹太教，而且要放弃犹太教的完成形式——基督教的神学观点，马克思不仅对其给予了反驳，而且指出人的解放就在于从以实际需要和利己主义为原则的犹太精神及其世俗基础金钱势力中解放出来。

首先，在现代社会中犹太人已经用自己的方式即犹太人的方式解放了自己。对于犹太教本质的认识不能到犹太教中去寻找，而应到犹太教的世俗生活中寻找。实际需要和自私自利是犹太教的世俗基础，经商牟利是犹太教的世俗礼拜，金钱是犹太教的世俗的神，故犹太精神是追逐金钱的实际需要和利己主义。而之所以说犹太人已经用自己的方式即犹太人的方式解放了自己，原因在于：犹太精神已经成为现代世界的市民社会的普遍原则。无论是在基督教国家还是政治国家中，以金钱为自己的上帝的实际需要日益充斥于世俗生活之中，故犹太人即使名义上没有政治权利，却拥有金融权力和金钱势力，并利用其影响和干预政治权力和世俗生活，因为"虽然在观念上，政治凌驾于金钱势力之上，其实前者是后者的奴隶"②。而且金钱势力在世界范围通过包括犹太人在内的所有人的逐利行为而成为世界力量，故犹太精神已成为现代世界的普遍精神和实际精神，而犹太人作为现代世界的特殊成员只是现代世界的犹太精神的特殊表现。犹太精神之所以能够成为现代世界的普遍原则，与基督教有着重要的关系。犹太精神由于其世俗的粗陋习性而不可能作为一种宗教继续发展下去，但是它以买卖一切东西而牟利为目标，而要实现这一目标就必须在理论上和实践上把人的一切规定和内容变为对于人来说外在的东西、异己的东西，从而使人本身、自然界乃至一切生活要素屈从于利己的需要而成为可以让渡、出售和买卖的对象。而起源于犹太教且是犹太教的理论化和思想升华的表现的基督教则满足了犹太精神的这种实际需要，因为基督教在理论上和实践上为犹太

① 马克思恩格斯全集：第 3 卷 [M]．北京：人民出版社，2002：189．
② 马克思恩格斯全集：第 3 卷 [M]．北京：人民出版社，2002：194．

精神在市民社会和世界范围内的扩展做了必要的准备。一方面，在理论方面，只有基督教"作为完善的宗教从理论上完成了人从自身、从自然界的自我异化之后"①，犹太精神作为基督教的鄙俗的功利应用才能在世俗世界中开始自己的普遍统治。另一方面，在实践方面，在封建社会中，基督教世界的确立和完成则为市民社会的完成，即市民社会与政治国家的分离和对立的完成提供了必要的历史前提；或者说，市民社会的完成是以基督教在人类封建社会中统治地位的确立为必要的历史前提的，而市民社会的完成则表明犹太精神在现代世界中达到了顶点，所以在封建社会中，基督教世界的确立和完成为犹太精神成为现代世界的普遍原则提供了必要的历史前提。因为只有在基督教的统治下，基督教才能够实际地将人的包括自然、伦理、理论、民族等等方面在内的一切规定、内容和关系变为对人来说外在的、异己的东西，这样市民社会才能够有条件地从普遍的国家生活中完全地、彻底地脱离出来，扯断和撕裂人的一切类关系，将自私自利和利己主义的自然需要填充为人的实际生活的全部内容，从而将人的世界分解为原子式的相互分离和对立的个人的世界，这样随着市民社会的完成，犹太精神便在现代世界中处于了核心地位。总而言之，从人类社会的历史发展来看，人的宗教的异化为人的政治的异化、经济的异化做了必要的理论和实践上的准备。

其次，现代世界中金钱和异化劳动对人进行违反人性的奴役。金钱是现代世界衡量自然界和人类社会中一切事物的价值的唯一尺度，是人的自我异化的结果，"是人的劳动和人的存在的同人相异化的本质；这种异己的本质统治了人，而人则向它顶礼膜拜"②。因此，在私有财产和金钱面前，自然界和人的世界的理论、艺术、历史、法律、神，乃至人的类关系、男女关系等一切都被贬低为买卖对象即商品，人完全沦为金钱的奴隶。而且，马克思在此简要阐述了他在之后的《1844年经济学哲学手稿》中所详细阐述的异化劳动思想："正像一个受宗教束缚的人，只有使自己的本质成为异己的幻想的本质，才能把这种本质对象化，同样，在利己的需要的支配下，人只有使自己的产品和自己的活动处于异己本质的支配下，使其具有异己本质——金钱——的作用，才能实际进行活动，才能实际生产出物品。"③ 因此，作为具有高度经验本质而非抽

---

① 马克思恩格斯全集：第3卷［M］．北京：人民出版社，2002：197.
② 马克思恩格斯全集：第3卷［M］．北京：人民出版社，2002：194.
③ 马克思恩格斯全集：第3卷［M］．北京：人民出版社，2002：197.

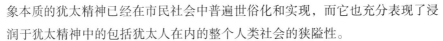

象本质的犹太精神已经在市民社会中普遍世俗化和实现，而它也充分表现了浸润于犹太精神中的包括犹太人在内的整个人类社会的狭隘性。

最后，人的解放就在于从金钱奴役和利己主义的犹太精神中解放出来。犹太人自身探寻"人的解放"的首要任务就在于必须克服作为人类历史发展坏的一面的、现代的反社会的普遍要素即犹太精神及其世俗基础金钱力量，这是经由犹太人参与且已使之达到了必然解体的历史发展高度的普遍要素。而且，这种解放不仅仅关乎犹太人自身解放的问题，也是关乎现代世界整个人类超越政治解放以获得人的解放的问题，因为"犹太人的解放，就其终极意义来说，就是人类从犹太精神中得到解放"①。因此，犹太人乃至现代社会整个人类的自我解放就在于从犹太精神、经商牟利和金钱力量中解放出来，而要实现这一任务，需具备两个条件：一是需要一种能够消除犹太精神的做生意的前提和可能性的"社会组织"，使市民社会的利己主义的犹太精神因不再有实际的对象而不再存在；二是需要犹太人自身乃至市民社会所有成员在思想上自觉认识到犹太精神及其世俗基础对人的奴役的本质，从而在行动中反对和消除造成人的自我异化的最高实际表现即经商牟利、金钱势力和私有财产，积极投身于人的解放的实践活动中。只有具备了这些条件，人才能使自身从自私自利的实际需要中解脱出来，使自身的实际需要"人化"即变为符合真正的人的规定的实际需要；才能消除市民社会与政治国家的分离和对立及其所导致的人的类存在与个体感性存在的分离和对立，从而最终达到人的解放。因此犹太人的社会解放本质上是整个人类社会从自私自利的犹太精神中获得的解放即人的解放。

二、无产阶级是现实自由的历史实践者

《〈黑格尔法哲学批判〉导言》是马克思在《德法年鉴》上发表的第二篇文章。在这篇文章中，马克思立足于政治解放与人类解放的差异、社会基本矛盾（马克思此时还没有明确提出和系统论述这一科学的世界观和方法论，但是此处却已开始有意识地运用它来分析问题和解决问题，因此这里所涉及的这篇文章是马克思开始运用这一历史唯物主义方法分析问题和解决问题的标志）来讨论和分析德国自身解放的特殊性和现实可能性。他认为，在现代世界中，人类追求自由的历史阶段已不再是争取政治解放，而是超越政治解放实现人的解放，这是历史发展的大背景。在这种历史背景下，德国尽管还没有取得政治

① 马克思恩格斯全集：第3卷［M］．北京：人民出版社，2002：192.

解放，但是由于其国内特殊的历史条件，其获取政治解放的现实可能性已经不再具备，相反具有了获取人的解放的现实可能性。因此德国只有顺应历史潮流探寻人的解放才能使自身不仅摆脱落后于发达资本主义国家的现实局面，并且克服政治解放给人带来的异化，从而超越政治解放而实现人的解放，而要实现这一历史任务就在于锻造一个特殊阶级即无产阶级。因此，马克思立足于德国具体国情，通过社会基本矛盾以及阶级分析的方法，提出了无产阶级是德国乃至整个人类解放的历史承担者的正确结论。借此，这篇文章的历史价值便从涉及德国解放问题的特殊意义上升到了具有普遍性的世界意义，即为整个人类自身的普遍解放指明了方向。

（一）批判宗教异化是消除世俗异化的前奏

在德国，宗教不仅是政权的支柱，而且是人的自我意识的异化的极端形式以及世俗异化的表现，所以对宗教的神秘本质及其非人的虚幻性揭露之后，人便不会再像过去那样在宗教而是在尘世中探寻自身的现实性以及自我解放即获取自由的现实路径，所以批判人的政治的异化乃至经济的异化的前奏和前提即是批判人的宗教的异化。

宗教批判的根据在于："人创造了宗教，而不是宗教创造人。"① 故人的本质、现实性乃人的自由的获取不是来源于宗教，而是来源于尘世生活。人不是抽象的存在物，而是现实的、经验的、社会的存在物，并据此形成了现实世界即国家和社会。然而，现实世界却是使人处于异化中的不完善的"颠倒的世界"，这个世界需要并产生了宗教这种"颠倒的世界意识"以作为表现自身、慰藉和辩护自身的理论根据。因此宗教是异化的人的幻想，它既是人对现实社会中病症、苦难和罪恶的反映和抗议，又是人忍受这些痛苦用以自我安慰的精神鸦片。因此批判宗教实际上就是在间接地批判宗教的世俗基础，就是在间接地批判以宗教为精神慰藉和神圣光环的世俗世界，就是在为世俗世界中受难的人民破除虚幻的幸福而要求现实的幸福，启发人民去实际地反对那使自身受难的世俗世界，所以对宗教的批判就是对那令人民受难的世俗世界的批判的"胚芽"和前奏。

对德国而言，对宗教的批判已经由青年黑格尔派尤其是费尔巴哈完成，这为批判世俗异化做了必要的理论准备。当下德国的任务在于在完成了对宗教异

化的批判即解除了宗教对人的思想束缚之后，不能停滞于此，而是要将批判的历史任务转向现实问题即批判政治异化和经济异化以探寻实现人的现实自由的现实可能性。因此，人在破除了天国的谬误或幻想之后，为了打破依旧奴役着、束缚着人的外在锁链，必须根据自身现实发展的理智来批判人在世俗世界中的异化，即"真理的彼岸世界消逝以后，历史的任务就是确立此岸世界的真理。人的自我异化的神圣形象被揭穿以后，揭露具有非神圣形象的自我异化，就成了为历史服务的哲学的迫切任务"①。

(二) 哲学的理论任务在于启迪人们探寻人的解放的现实可能性

德国的国家制度的落后性与德国哲学发展的进步性形成了鲜明的反差。一方面，德国的政治制度是落后于英法等现代国家制度的具有封建性的旧制度，所以当现代各国历史发展正处于超越政治解放以实现人的解放的历史阶段的时候，德国却仍处在如何从封建主义中解脱出来以实现政治解放的历史阶段。因此德国是"现代各国的历史废旧物品堆藏室中布满灰尘的史实"②，是与现代世界制度不协调、不搭调的丑角，是应该属于中世纪却出现在现代世界的"时代错乱"的结果。然而，对德国政治现状的批判，不仅对德国有益，而且对英、法等现代国家有益。因为，对现代国家而言，德国的旧制度是现代国家曾经经历的悲剧，是依然困扰着它们的隐蔽的缺陷，而德国政治制度本身是以悲剧命运结束的旧制度以丑角的喜剧形式出现的历史重演，因此对德国政治现状的批判的世界意义就在于它使现代国家以喜剧的方式认识自身的缺陷，并愉快地与自己的过去决裂。另一方面，相比起德国落后的国家制度和政治现状，德国的哲学尤其是法哲学和国家哲学却处于世界先进水平，它是对德国落后的国家制度现状的直接否定，因为它是现代国家制度的理论表现和补充，而现代国家制度则是它的直接实现，因此德国只是在哲学上经历了现代各国政治解放的革命历程，而在实践上却没有参与这一革命历程，所以对德国人而言，"我们是当代的哲学同时代人，而不是当代的历史同时代人"③。正是德国的政治现状与哲学现状之间的反差，造成了德国存在着跨越英、法等现代国家所实现的政治解放的历史阶段而达到探寻人的解放的历史阶段的现实可能性。就哲学方面而言，德国探寻人的解放应完成以下三项任务：

---

① 马克思恩格斯全集：第3卷 [M]. 北京：人民出版社，2002：200.
② 马克思恩格斯全集：第3卷 [M]. 北京：人民出版社，2002：200-201.
③ 马克思恩格斯全集：第3卷 [M]. 北京：人民出版社，2002：205.

马克思现实自由思想的缘起探究

首先，尽管德国国家制度落后于现代国家制度的发展水平，但是它依然是哲学批判的对象，正如低于做人的水平的犯人仍是刽子手的对象一样。所以，哲学的任务在于通过对旧制度的批判以揭露德国国家制度及其实现形式即政府的卑劣性。这种卑劣性表现为：一是统治者的地位和他们的人数成反比；二是被统治阶级本身被分为各色人等，他们相互之间不仅处于相互对立的状态，且甘于被支配和统治。因此，必须通过批判德国陈旧的国家制度以使人民政治觉醒：使人民意识到国家制度给自身造成的压迫和耻辱，从而使压迫和耻辱更为沉重，使受压迫者不再自欺欺人和俯首帖耳，为自身解放奋起反抗。其次，由于德国哲学是现代国家制度的理论体现，而现代国家制度因其政治解放的结果而有着置现实的人于悲惨境遇的缺陷，因此对德国哲学本身以及对现代国家政治社会现实本身的批判将有利于德国与现代国家同步地达到克服和超越政治解放以实现人的解放的历史阶段，而这一历史任务由于德国哲学本身的先进性自然地落在了它的肩上。德国哲学具备完成这一历史任务的明证在于德国哲学对于宗教异化本身的批判的完成。最后，马克思不仅延续了博士论文中所言的"哲学的世界化"的观点，提出了哲学必须坚持理论与实践相统一的原则，而且基于此提出了哲学必须为追求以"人是人的最高本质"为原则的社会的目标而服务，即"批判的武器当然不能代替武器的批判，物质力量只能用物质力量来摧毁；但是理论一经掌握群众，也会变成物质力量。理论只要说服人，就能掌握群众；而理论只要彻底，就能说服人。所谓彻底，就是抓住事物的根本。而人的根本就是人本身"①。因此，在宗教批判问题上，马克思超越费尔巴哈以及青年黑格尔派的地方在于：他强调宗教批判不应仅是简单地将其归结为一个还原问题，即把神学问题化为世俗问题、宗教还原为世俗要素，而是要更进一步，即"对宗教的批判最后归结为人是人的最高本质这样一个学说，从而也归结为这样的绝对命令：必须推翻那些使人成为被侮辱、被奴役、被遗弃和被蔑视的东西的一切关系"②。

然而，要实现理论与实践的统一，进而实现人回归于人本身的彻底解放即人的解放，对于德国乃至现代国家而言，就在于锻造一个特殊阶级即无产阶级。

---

① 马克思恩格斯全集：第 3 卷 [M]. 北京：人民出版社，2002：207.

② 马克思恩格斯全集：第 3 卷 [M]. 北京：人民出版社，2002：207-208.

（三）无产阶级是实现人的现实自由的历史承担者

理论与实践相统一的首要条件在于：要进行社会革命活动不仅需要相应的、符合历史条件的革命理论，更需要进行革命活动的具体的现实条件和前提即物质基础，因为"理论在一个国家实现的程度，总是决定于理论满足这个国家的需要的程度"①。因此，光有理论力求成为现实还不够，现实本身还必须推动自身以力求符合理论，只有这样才能真正实现理论与实践的统一，所以关于人的解放这种彻底革命的理论必须建立在现实需要的基础上。对于德国而言，理论思想上的进步性是推动其跨越政治解放而直接探求并达到人的解放的理论优势，但是德国的政治现实却是落后于现代各国的政治现实水平。也就是说，它连政治解放都还没有达到，即德国"在理论上已经超越的阶梯，它在实践上却还没有达到"②，因此似乎在德国进行革命的理论需要与现实需要还不一致，进行人的解放所需要的现实前提和基础还不具备。但是，如果着眼于德国政治现实的特殊性就会发现与现代各国进行政治解放进而进行人的解放的革命的一般路径不同，德国自身的政治现实的特殊性决定了德国革命可以跨越政治解放的革命阶段而直接进行人的解放这一彻底革命的历史阶段。

1. 政治解放到人的解放的一般路径

政治解放相对于人的解放是"部分的纯政治的革命"③，即市民社会的某一特定阶级从自身的特殊地位和利益出发，从事社会的"普遍解放"并取得普遍统治从而解放自己。

任何一个特定阶级要担任解放者的角色，须具备三个条件。首先，它须具备足以进行革命的包括金钱势力在内的物质力量和包括革命理论在内的文化知识。其次，它具备激起群众瞬间的革命狂热的能力，即不仅能够使自身与全社会紧密地融为一体，而且能够将自身并被全社会看作是为全社会的普遍利益和权利而进行斗争的领导者，成为革命阶段全社会的核心，从而能够使自身的特殊的阶级要求和利益上升为整个社会本身的普遍要求和利益，进而在政治上利用整个社会或一切非统治阶级来为自己的特殊阶级利益和要求进行革命斗争。总之，特定阶级要想拥有解放者的地位并实现普遍统治必须善于利用人民革

马克思现实自由思想的缘起探究

---

① 马克思恩格斯全集：第3卷［M］．北京：人民出版社，2002：209 页
② 马克思恩格斯全集：第3卷［M］．北京：人民出版社，2002：209.
③ 马克思恩格斯全集：第3卷［M］．北京：人民出版社，2002：210.

命，即"使人民革命同市民社会特殊阶级的解放完全一致"①。例如在法国大革命运动中，每个人以及阶级都是政治理想主义者：对于个人而言，只要有一点地位，便希望成为一切；对于一个阶级而言，它不认为自己是特殊阶级，而是整个社会的总代表。最后，对一个特殊阶级而言，为了拥有解放者的地位，社会就必须存在阶级的两极分化。也就是说，要进行政治革命必须存在一个与整个社会对立的特殊阶级，它被社会普遍认为是社会一切缺陷和罪恶的代表和制造者，是历史进步的普遍障碍的体现，从而成为引起社会普遍不满的奴役者等级，而从其统治之下解放出来即代表着社会普遍的自我解放。例如，法国资产阶级革命时期，法国贵族和僧侣是整个社会中具有消极普遍意义的绝对方面，而与这个绝对方面对立的资产阶级则是整个社会中具有积极普遍意义的革命阶级。

政治解放与人的解放的关系在于作为部分解放的政治解放是作为普遍解放的人的解放的基础，由政治解放到人的解放是一个渐进的过程，即"全部自由必须由逐步解放的现实性产生"②。因此，解放者的角色总是在戏剧性的、激烈的革命运动中依次地、轮流地由市民社会中各个不同的、具有一定解放能力的特殊阶级来担任，直至由以实现整个社会的全面自由为己任的无产阶级担任。该阶级不同于以往担任解放者角色的特殊阶级，它不是以特殊的阶级利益和地位为前提进行革命，而是"从社会自由这一前提出发，创造人类存在的一切条件"③。

2. 人的解放在德国所具有的特殊性

尽管作为部分解放的政治解放是作为普遍解放的人的解放的基础，但是，对德国而言，由于其自身的国情的特殊性，这种由政治解放转化为人的解放的一般路径并不适用，反而是一种乌托邦的幻想，即人的全面自由不可能从逐步地部分解放的现实性中产生。相反地，普遍解放是部分解放的必要条件，即跨越政治解放直接进入探寻人的解放的历史阶段才是适合于德国自身的政治现实的特殊路径。

之所以如此的根本原因在于德国的内外环境。从德国外部环境的角度讲，德国尽管在政治现状上落后于现代国家，但是它本身却处于资产阶级社会及其

所遇到的资产阶级与无产阶级对立的时代大背景之中。从德国内部环境的角度讲，当时德国的国情可以用马克思后来在《资本论》第一版序言中的相关表述来概括：德国"不仅苦于资本主义生产的发展，而且苦于资本主义生产的不发展。除了现代的灾难而外，压迫着我们的还有许多遗留下来的灾难，这些灾难的产生，是由于古老的、陈旧的生产方式以及伴随着它们的过时的社会关系和政治关系还在苟延残喘。不仅活人使我们受苦，而且死人也使我们受苦。死人抓住活人！"① 这种新旧生产方式并存的国情造成了两方面的结果。一是德国政治现实是现代政治"文明缺陷"与德国自身的旧制度的"野蛮缺陷"的结合。这是一种坏的折中主义，它致使德国革命必须从一开始站在消除现代政治的普遍缺陷以实现人的解放的历史高度，从而消除德国特有的政治缺陷。二是德国自身所具有的阶级矛盾的特殊状况。生产力与生产关系的矛盾必然会通过阶级矛盾得以表现，因此，德国新旧生产方式并存的国情致使国内各个特殊阶级束缚于、囿于德国自身特有的作为忠诚和道德的基础的"有节制的利己主义"，进而致使任何一个阶级都不具有领导政治解放革命的社会凝聚力、胸怀、勇气和能力，也就是说，没有任何一个阶级拥有敢于宣称"我没有任何地位，但我必须成为一切"② 的解放者的能力。同样，任何一个阶级也缺乏置自己于社会消极代表即奴役者阶级的胆识和坚毅。因此，德国的阶级斗争表现为各个阶级皆处于两面作战的困境："一个阶级刚刚开始同高于自己的阶级进行斗争，就卷入了同低于自己的阶级的斗争。因此，当诸侯同君王斗争，官僚同贵族斗争，资产者同所有这些人斗争的时候，无产者已经开始了反对资产者的斗争。中间阶级还不敢按自己的观点来表达解放的思想，而社会形势的发展以及政治理论的进步已经说明这种观点本身陈旧过时了，或者至少是成问题了。"③ 也就是说，德国的资产阶级理应如现代各国的资产阶级一样，在自己的国家中领导政治革命进而实现政治解放，但是，当它在准备按自己的阶级利益和权利来表达解放思想并试图夺取解放者地位时，社会形势和政治理论的发展就已经表明其思想和行动已经是不合乎历史发展潮流的陈旧过时的思想和行动。因此，当德国资产阶级处于与封建阶级斗争的同时，又陷入了与无产阶级的斗争中，这种"腹背受敌"的窘境使资产阶级难以成为使德国摆脱旧制度

① 马克思恩格斯全集：第44卷［M］. 北京：人民出版社，2001：9.
② 马克思恩格斯全集：第3卷［M］. 北京：人民出版社，2002：211.
③ 马克思恩格斯全集：第3卷［M］. 北京：人民出版社，2002：212.

马
克
思
现
实
自
由
思
想
的
缘
起
探
究

的政治解放的担当者，所以作为普遍解放的基础的政治解放对于德国而言是不符合国情的。

既然德国革命的特殊情况使德国不适合走由政治解放到人的解放的一般路径，那么要使德国摆脱新旧生产方式所带来的人的自由的丧失的社会弊病，就必须走一条特殊的革命路径，那就是跨越政治解放直接进行人的解放，而要进行人的解放则必须锻造一个能够担此重任的特殊阶级，这个阶级就是无产阶级。对于德国而言，这是符合国情的、具有现实可能性的革命路径。

3. 锻造一个特殊阶级即无产阶级以实现人的现实自由

德国自身特殊的国情决定了其解放应是以"人是人的最高本质"为原则和目标的人的解放，而从事这一解放任务的担当者必然是德国的无产阶级。原因具有三个方面。一是德国无产阶级产生的特殊性。在资本主义已在现代各国建立的大背景下，"德国无产阶级只是通过兴起的工业运动才开始形成；因为组成无产阶级的不是自然形成的而是人工制造的贫民，不是在社会的重担下机械地压出来的而是由于社会的急剧解体、特别是由于中间等级的解体而产生的群众，虽然不言而喻，自然形成的贫民和基督教日耳曼的农奴也正在逐渐跨入无产阶级的行列"①。二是无产阶级具备担任人的解放的承担者的能力。实现人的解放"在于形成一个若不从其他一切社会领域解放出来从而解放其他一切社会领域就不能解放自己的领域，总之，形成这样一个领域，它表明人的完全丧失，并因而只有通过人的完全回复才能回复自己本身"②。无产阶级是现代资本主义国家的市民社会中被戴上彻底的奴役性的锁链的特殊阶级，它所遭遇和忍受的压迫、奴役和苦难在整个社会中具有普遍的性质，因为这种苦难是由普遍的不公正而不是特殊的不公正造成的，因此无产阶级不会像以往的解放者那样有着自身的特殊利益要求，它所要求的只是普遍的人的解放。而且无产阶级将通过对私有财产的否定来宣告使人完全丧失自身的现代世界资本主义制度的解体，从而实现人的解放即现实自由。三是德国具有先进性的哲学理论和具有特殊性的无产阶级的契合使哲学的世界化以及人的解放的理论与实践的统一将通过无产阶级实现和达到。"哲学把无产阶级当作自己的物质武器，同样，无产阶级也把哲学当作自己的精神武器。"③ 所以，对于德国人民群众而

---

① 马克思恩格斯全集：第 3 卷 [M]. 北京：人民出版社，2002：213.
② 马克思恩格斯全集：第 3 卷 [M]. 北京：人民出版社，2002：213.
③ 马克思恩格斯全集：第 3 卷 [M]. 北京：人民出版社，2002：214.

言，要想成为真正的人，唯一的选择和出路就是从根本上进行人的解放，因为只有这样德国人民才会拥有直接地解放成为非异化的、真正的人的现实可能性。所以，"德国人的解放就是人的解放。这个解放的头脑是哲学，它的心脏是无产阶级。哲学不消灭无产阶级，就不能成为现实；无产阶级不把哲学变成现实，就不可能消灭自身"①。

第三节 现实自由的必由之路

通过以上著作的写作和思考，马克思取得了具有历史唯物主义性质的重要的研究成果："法的关系正像国家的形式一样，既不能从它们本身来理解，也不能从所谓人类精神的一般发展来理解；相反，它们根源于物质的生活关系，这种物质的生活关系的总和，黑格尔按照18世纪的英国人和法国人的先例，概括为'市民社会'，而对市民社会的解剖应该到政治经济学中去寻求。"② 至此，马克思开始集中精力研究政治经济学以探寻人的现实自由的现实可能性。1844年，他阅读了大量的关于古典经济学、空想社会主义和黑格尔的著作，并做了内容丰富的笔记，这些笔记构成了世人所熟知的《巴黎手稿》，即《1844年经济学哲学手稿》。这部手稿的核心思想在于研究和揭示人在资本主义私有制之下异化的表现和根源以及消除异化以使人获得现实自由的现实可能性。

一、资本主义私有制和异化劳动抹杀了人的现实自由

在《1844年经济学哲学手稿》中，马克思将观照人的现实自由之路的视野扩展到经济异化领域。以往的国民经济学在分析经济现象时，如同神学家将原罪作为恶的起源一样，将应当加以阐明的如私有财产、劳动、土地、工资、资本、利润、地租、竞争、分工、交换价值等经济因素假定为一种不需要证明的、具有历史形式的事实和前提。也就是说，国民经济学局限于经济现象的表面化阐述，不仅没有阐明造成这些经济现象的根本原因，而且往往将一些经济现象归于虚假的原因，故而其对于经济问题难以给出正确的说明和解答。例如，其错误地将资本家的利益作为确定工资和资本利润之间的关系的最终原

① 马克思恩格斯全集：第3卷［M］. 北京：人民出版社，2002：214.
② 马克思恩格斯全集：第31卷［M］. 北京：人民出版社，1998：412.

因。国民经济学之所以有这样的错误，根本原因在于其不理解资本主义经济运动的内在的本质联系。针对国民经济学的缺陷，马克思提出了研究资本主义经济运动的正确的任务和目标："我们现在必须弄清楚私有制，贪欲和劳动、资本、地产三者的分离之间，交换和竞争之间、人的价值和人的贬值之间、垄断和竞争等之间，这全部异化和货币制度之间的本质联系。"① 在这一目标的促发下，马克思从在资本主义条件下工人悲惨境遇的经济事实即"物的世界的增值同人的世界的贬值成正比"② 出发，通过深刻、客观的分析，指出竞争、资本、货币等经济学范畴按其本质而言是异化劳动和私有财产矛盾运动的产物，是异化劳动和私有财产这两个资本主义经济运动中的基本因素的特定的、展开了的表现。因此揭示造成人完全丧失自身和现实自由的异化劳动和私有制的本质及其关系就成了研究资本主义经济运动，以及探寻人的现实自由的现实可能性的前提和基础。

（一）异化劳动的本质及其对工人现实自由的剥夺

由"劳动对象化"概念的分析而得出资本主义制度下劳动异化的概念。人的劳动的对象化即人的劳动的现实化，即人将劳动凝结于、实现于、物化于某个劳动对象。但是在资本主义条件下，劳动的对象化出现了特殊表现即劳动异化："劳动的这种现实化表现为工人的非现实化，对象化表现为对象的丧失和被对象奴役，占有表现为异化、外化。"③ 具体而言，劳动异化表现在以下三个方面：

第一，人同自己的劳动产品相异化。在资本主义条件下，生活资料和生产资料即劳动产品对工人而言，不仅丧失了对其的支配权和占有权，而且其反过来作为一种异己的力量、不依赖于工人的外在存在物而与工人相对立并反对和统治着工人。工人同劳动产品的异己关系也是工人同自然界的异己关系：自然界作为对人而言的感性的外部世界，在为人提供生产资料的同时，也在为人提供维持肉体生存和种族繁衍的生活资料，因此自然界是人劳动和生存的前提并为人所拥有；但是，在资本主义条件下，工人在通过劳动与自然界发生现实的关系的过程中，越是占有外部世界，越是丧失生产资料和生活资料并沦为其奴隶，结果工人沦为工作的奴隶。也就是说，对于工人阶级而言，要想实现和维

① 马克思恩格斯全集：第3卷［M］. 北京：人民出版社，2002：267.
② 马克思恩格斯全集：第3卷［M］. 北京：人民出版社，2002：267.
③ 马克思恩格斯全集：第3卷［M］. 北京：人民出版社，2002：268.

持自身作为肉体的主体的存在即保证自己的生存，就不得不首先作为工人来谋得工作；而要谋得工作，人就必须具备符合工作要求的条件即作为肉体的主体。而且，工人不把从事这种扼杀人性的劳动看作不幸，反而把能够谋得工作看作是一种幸运。因此工作成为一种非人的力量，统治着工人的一切规定和内容。结果，工人与其劳动产品的异化关系导致"工人生产得越多，他能够消费的越少；他创造的价值越多，他自己越没有价值、越低贱；工人的产品越完美，工人自己越畸形；工人创造的对象越文明，工人自己越野蛮；劳动越有力量，工人越无力；劳动越机巧，工人越愚笨，越成为自然界的奴隶"①。

第二，人同自己的生产活动即劳动本身相异化。异化不仅出现在工人同劳动产品的关系中，而且出现在工人同劳动本身的关系中，而且后者是前者产生的原因，因为"在劳动对象的异化中不过总结了劳动活动本身的异化"②。

工人同劳动本身的异化即劳动的异己性表现在三个方面。一是劳动对工人来说不是自己愿意的，而是一种不得不进行的外在劳动，这种外在劳动具有被迫性、强制性的特点。工人在劳动中不是肯定自己，而是否定自己；不是自由地发挥体力和智力，而是身心受到摧残和折磨。因此工人在劳动中感到不自在、不舒畅和不幸；相反地，自在、舒畅和幸福却只可能来源于劳动之外。但是如果没有货币，工人的享受和需求就会变成无效的。也就是说，工人劳动或工作与否、甚至劳动和工作的状态决定着他非劳动的状态。因此，理应作为人的内在需要的劳动本身沦为一种满足劳动以外的实际需要的途径和手段。二是工人以逃避的态度来对待劳动，即"只要肉体的强制或其他强制一停止，人们会像逃避瘟疫那样逃避劳动"③。因此劳动对工人来说是一种自我牺牲和自我折磨的劳动。三是工人本身及其劳动不属于工人自身，而属于另一个与之对立的主体即资本家。

结果，工人与其劳动本身的异己关系导致"人（工人）只有在运用自己的动物机能——吃、喝、生殖、至多还有居住、修饰等——的时候，才觉得自己在自由活动，而在运用人的机能时，觉得自己只不过是动物。动物的东西成为人的东西，而人的东西成为动物的东西。吃、喝、生殖等，固然也是真正的人的机能。但是，如果加以抽象，使这些机能脱离人的其他活动领域并成为最

---

① 马克思恩格斯全集：第3卷［M］．北京：人民出版社，2002：269.
② 马克思恩格斯全集：第3卷［M］．北京：人民出版社，2002：270.
③ 马克思恩格斯全集：第3卷［M］．北京：人民出版社，2002：271.

马克思现实自由思想的缘起探究

后的和唯一的终极目的，那它们就是动物的机能"①。

因此，在工人同劳动本身的异化关系中，劳动作为人的生命体现的活动沦为了一种异己的和敌对的力量，反对着工人自身，而这种异化本身则实质上是人的自我异化。工人与自己的劳动本身相异化的关系及其所导致的结果即工人同自己的劳动产品和自然界相异化的关系归属于"物的异化"的层面。除了这一层面之外，劳动异化的第三个层面则是每个人同自己的类本质的异化，而这是人的自由丧失的关键层面。

第三，人同自己的类本质相异化。人是类存在物，其类本质在于有意识的能动的劳动。这表现在三个方面。一是人无论在理论上还是实践上都将"类"即人自身的类以及其他物的类当作对象。也就是说，人将"类"看作自己的本质，或者将自己看作类存在物，所以人本质上是具有普遍性的类存在物，并因之而成为自由的类存在物。二是人是与自然界辩证统一的类存在物。一方面，自然界是人类赖以生存和发展的基础，是人进行理论活动和实践活动的物质基础。在理论活动层面上，自然界是人类社会中科学与艺术得以存在的对象，故其是人的精神的无机界和精神食粮；在实践上，自然界是人类得以延续和发展的生产劳动和生活的对象，故其是人的无机的身体。另一方面，人本身又是自然界的一部分，因此当人为了生存和发展而与自然界发生现实关系时，实质上是自然界同自身相联系。因此，人对自然界的认识和利用的范围越是扩展，人就越具有普遍性，因而也就越自由。三是人是有意识的能动的类存在物。"一个种的整体特性、种的类特性在于生命活动的性质，而自由的有意识的活动恰恰就是人的类特性。"② 人与动物不同，他与自己的包括生产劳动在内的生命活动不是直接同一的而是区别开来的，即人的生命活动本身也是人自身的意识活动的观照对象，所以人的生命活动本质上是有意识的、有目的的生命活动，因而在本质上是自由的生命活动。因此，与动物相比，"动物只是按照它所属的那个种的尺度和需要来构造，而人懂得按照任何一个种的尺度来进行生产，并且懂得处处都把内在的尺度运用于对象；因此，人也按照美的规律来构造"③。因此，人的生产活动是脱离肉体需要地再生产整个自然界和人自身的全面的、自由的、能动的生产活动，而这正是人的能动的类生活。人通过

① 马克思恩格斯全集：第 3 卷 ［M］. 北京：人民出版社，2002：271.
② 马克思恩格斯全集：第 3 卷 ［M］. 北京：人民出版社，2002：273.
③ 马克思恩格斯全集：第 3 卷 ［M］. 北京：人民出版社，2002：274.

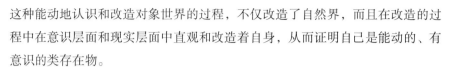

这种能动地认识和改造对象世界的过程，不仅改造了自然界，而且在改造的过程中在意识层面和现实层面中直观和改造着自身，从而证明自己是能动的、有意识的类存在物。

但是，在资本主义制度下，当人同自己的生命体现即劳动本身相异化，进而同劳动产品、自然界相异化时，人也就同自己的类本质相异化。也就是说，异化劳动使人不论是在意识上还是实践上，都将体现人的类本质的类生活即有意识的、自由的、能动的劳动贬低为维持个人生活即肉体存在的手段，使类生活与个人生活相异化。因此，"人的类本质同人相异化这一命题，说的是一个人同他人相异化，以及他们中的每一个人都同人的本质相异化"①。具体而言，人对自身的关系或人与自己的类本质的关系只有通过人对他人的关系或人与人之间的关系才能得以实现和表现，即"人对自身的关系只有通过他对他人的关系，才成为对他来说是对象性的、现实的关系"②。因此，对于人同自己的类本质相异化的命题可以从两个方面来理解。一方面，工人与工人之间、资本家与资本家之间相互分离和对立。工人与工人之间存在竞争和对立的关系，即"在异化劳动的条件下，每个人都按照他自己作为工人所具有的那种尺度和关系来观察他人"③。资本家与资本家之间存在竞争和对立的关系，资本家的逐利性促使他们相互之间把对方或者当作实现自身利益的工具，或者当作阻碍自身利益实现的竞争对手。另一方面，工人同异化劳动的关系产生出并表现为资本家同工人、异化劳动的关系。资本家是来源于人类自身内部的、与工人以及人自身对立的异己力量，是劳动为之支配和劳动产品供其享受的对工人而言的异己存在物，因此资本家的存在表现了人与人之间分裂、人自身成为统治自身的异己力量的事实。因此，当劳动对资本家而言是享受、生活乐趣、自由时，劳动对工人而言就是一种痛苦和不自由，因为工人不是其劳动的主人，他的劳动不是为自己而是替资本家服务的、受资本家支配的、处于资本家强迫和压制之下的活动，而这种人的自我异化借以实现的手段本身就是实践的劳动。因此，必须从实践的层面上破除异化劳动以实现人的自由。

（二）异化劳动与私有财产的关系蕴含着人的解放的现实可能性

实质上，异化劳动是人的外化劳动发展进程中的一个特定阶段。异化劳动

马克思现实自由思想的缘起探究

---

① 马克思恩格斯全集：第3卷［M］. 北京：人民出版社，2002：275.

② 马克思恩格斯全集：第3卷［M］. 北京：人民出版社，2002：276.

③ 马克思恩格斯全集：第3卷［M］. 北京：人民出版社，2002：275.

与私有财产的实际关系在于：异化劳动是私有财产得以存在和发展的根据和原因，而私有财产则是异化劳动借以实现自身的途径和手段、是异化劳动的物质概括和表现，两者呈现相互作用的关系。在资本主义条件下，私有财产与异化劳动的实际关系实现了充分的、完全的暴露和发展。基于此，异化劳动与私有财产的关系包含着人的解放的现实可能性。

首先，应明确着眼于工资改革以消除工人悲惨境遇的提议不具有现实性。以提高工资或平等工资作为改善工人阶级状况和实现社会改革的方式是不切实际的：要求提高工资的做法撇开其是否符合现实不谈，本质上依然不能改变工人的奴隶地位，不能给工人以人的尊严和身份；要求平等工资的做法撇开其现实可能性不谈，本质上只能使工人对异化劳动的关系变为所有人对异化劳动的关系，那时资本家的角色将从具体个人身上转移到抽象的社会或国家层面，即社会或国家将转变为"抽象的资本家"，而异化劳动对人的现实自由的剥夺的本质并没有被改变，故平等工资的提法依然不能改变人的异化境遇。实质上，工资本身就是工人处于异化劳动造成的悲惨境遇的表现，是异化劳动的直接结果，所以只有随着异化劳动和私有财产的消亡，工资的问题才能得以彻底解决或者不再成为问题，而那时则是人的解放的实现。因此，根本的任务是消除异化劳动和私有财产对人的奴役，从而使人获得真正的自由。

其次，工人阶级的自我解放包含着人的解放。整个人类社会面对的历史任务是从私有财产和异化劳动造成的奴役制中解脱出来，而要实现此历史任务则必然须通过一种"政治形式"即工人阶级的自我解放运动来达到，因为工人阶级本身的自我解放"包含普遍的人的解放；其所以如此，是因为整个的人类奴役制就包含在工人对生产的关系中，而一切奴役关系只不过是这种关系的变形和后果罢了"①。

最后，从对于人类自身本质力量的发展进程以及资本主义社会结构的分析中必然得出人的真正占有即人的解放的现实可能性。在资本主义社会中，异化劳动和私有财产的运动导致"占有表现为异化、外化，而外化表现为占有，异化表现为真正得到公民权"②。这里的"占有"即资本主义私有制或私有财产（属于经济异化层面）；"公民权"即资产阶级进行的政治解放所实现的政治权利（属于政治异化层面）。如果将公民权归于上层建筑，私有制或私有财

① 马克思恩格斯全集：第3卷 [M]. 北京：人民出版社，2002：278.
② 马克思恩格斯全集：第3卷 [M]. 北京：人民出版社，2002：279.

产归于经济基础或生产关系，而异化劳动归于生产力，那么这本身就体现了马克思不仅初步勾勒出了整个人类社会发展的一般的社会结构，而且勾勒出了资本主义社会的特殊的社会结构。作为异化劳动的物质概括和表现的私有财产或私有制这种财产占有形式或关系的普遍本质在于其包含着双重关系：工人对劳动和资本家的财产关系，资本家对劳动和工人的财产关系。这种包含着矛盾和对立的财产占有形式不会是也不可能是人类社会发展的终极形式，因为异化劳动是人的自身本质和能力即"外化劳动"的发展进程中的一个特定的历史阶段。也就是说，随着外化劳动的进一步发展，人类必然会从异化劳动和私有财产的奴役中解放出来，必然会从私有财产这种非人的占有形式回复到真正的"人的占有"即"真正人的和社会的财产"①，必然会从资本主义走向共产主义。

二、共产主义是人获取现实自由的必由之路

"自我异化的扬弃同自我异化走的是一条道路"②，而资本主义的异化劳动和私有财产的积极扬弃的结果则是共产主义。马克思从共产主义理论的三种发展形态、历史必然性及实现之的特殊性、所给予人的真正自由的一般状态等多个方面，论证了共产主义是实现人的现实自由的必由之路。

（一）共产主义理论的三种发展形态

第一种是粗陋的共产主义，即以巴贝夫为代表的平均共产主义。粗陋的共产主义的本质是力求以私有财产的普遍化和完成来反对和否定私有财产本身及其运动。其具体要求表现在三方面：一是在财产占有关系问题上，认为人生存和生活的唯一目的就是对物质财产的直接占有，因而要求物质财产占有上的普遍化和平均化，同时希望用强制的方法将那些凡是不能为一切人作为私有财产占有的东西如才能等消灭；二是在婚姻关系问题上，力图用一种动物式的形式即公妻制来反对婚姻这种具有排他性的私有财产的占有形式；三是要求劳动共同性和工资平等的共同性，即"共同性只是劳动的共同性以及由共同的资本——作为普遍的资本家的共同体——所支付的工资的平等的共同性"③。

粗陋的共产主义本质上是私有财产对人的"卑鄙性"和奴役性的一种特殊的变体和表现形式，它力求通过粗陋的共产主义的形式把自身设定为"积

---

① 马克思恩格斯全集：第3卷［M］. 北京：人民出版社，2002：279.
② 马克思恩格斯全集：第3卷［M］. 北京：人民出版社，2002：294.
③ 马克思恩格斯全集：第3卷［M］. 北京：人民出版社，2002：296.

极的共同体"，然而这显然是荒谬的。由于粗陋的共产主义本质上是私有财产的特定的变体，所以它是对人自身的需要、个性和能力的丰富性以及整个人类文明的否定，因而是一种抽象的、虚幻的共同体。具体表现在三个方面：首先，在粗陋共产主义所设想的共同体中，为了改善工人的悲惨状况而要求私有财产关系的普遍化和平均化，这"正像妇女从婚姻转向普遍卖淫一样，财富——人的对象性的本质——的整个世界，也从它同私有者的排他性的婚姻的关系转向它同共同体的普遍卖淫关系"①，工人这个规定不仅没有被取消而是被推广到了一切人身上。而且，劳动和工资依旧表现为劳动和资本关系的两个方面，即劳动被规定为每个人的天职，支付平等工资的资本被公认为支配一切的具有普遍性的力量。因此，在粗陋共产主义所设想的共同体中人不仅没有从私有财产和异化劳动以及资本的奴役中解放出来，反而陷入了一种作为"抽象资本家"的共同体的统治和奴役之下。其次，粗陋共产主义是贪财欲、占有欲的完成，继而是对整个人类文明的否定，因而不是真正意义上的占有。因为，粗陋共产主义是资本主义条件下构成竞争本质的、较少的私有财产对较富裕的私有财产所怀有的嫉妒心和平均主义的完成，而嫉妒心和平均主义欲望是贪财欲和占有欲所采取的一种用以满足自身的隐蔽形式，这种平均主义将人倒退到了贫穷的、具有简单和片面需要的野蛮状态，故而它是对人类整个文明的否定。因此，粗陋共产主义对于人类而言不可能也绝不会是真正意义上的占有形式。最后，粗陋的共产主义是对人的类本质即自然存在物和社会存在物统一的抹杀。人的自然规定表现为：人对人的关系与人对自然的关系在本质上具有直接的同一性。也就是说，人与人的关系直接地是人与自然的关系；同样地，人与自然的关系也直接是人与人的关系。这种关系是一种自然的类关系，而男人对女人的关系在人与人之间的关系中则是最直接和自然的类关系。对于人而言，男人对女人的关系以感性的方式和事实表征了人的自然行为和本质与人的行为和本质的直接同一性的程度，即表征了人的自然行为和本质成为人的行为和本质的程度，以及人的行为和本质成为自然的行为和本质的程度；表征了人的自然需要成为人的需要的程度，即表征了人作为人在何种程度上成为相互之间的需要，表现了人在何种程度上将自身看作并成为社会存在物即人。因此，男人对女人的关系体现着人与自然、人与社会、人与自身相统一的程度，因而从男人对女人的关系的性质可以判断人在何种程度上成为并将自身理解为

---

① 马克思恩格斯全集：第 3 卷［M］．北京：人民出版社，2002：295．

类存在物即人，从而衡量人的整个文明教养程度，因此男人对女人的关系是衡量人的本质发展的重要尺度。所以凡是将妇女当作共同淫欲的对象来对待的行为以及粗陋共产主义所宣扬的公妻制都是人在对待自身方面的退化的、野蛮的、非人的表现和行为，因而是人对自身的类本质的抹杀和玷污。

第二种是还具有民主或专制的政治性质，即尚未废除国家的，或者是废除国家的却仍然处于私有财产影响下的共产主义，这是以蒲鲁东、博立叶和欧文为代表的共产主义。这种共产主义已经能够将自身理解为是对人的自我异化的扬弃，已经能够将自身理解为是对人自身的回复，然而，它仍旧受到私有财产影响和束缚，因为它还没有真正理解私有财产的积极的本质，还没有真正理解人的自然需要所具有的人的本性。

第三种是作为私有财产和异化劳动即人的自我异化的积极的扬弃、真正实现人的现实自由的共产主义，这是马克思所向往和追求的。这种共产主义之所以能够为人带来现实自由的原因在于它是"通过人并且为了人而对人的本质的真正占有。因此，它是人向自身、向社会的即合乎人性的人的复归，这种复归是完全的，自觉的和在以往发展的全部财富的范围内生成的"①，真正地达到了自然主义与人道主义的完成和统一，真正解决了人和自然界、个体和类、人和自身、自由和必然、对象化和自我确证、存在和本质之间的矛盾，而以往人类历史发展的全部运动本身正是此种共产主义的客观的产生活动和演进过程。也就是说，共产主义是人类历史发展之谜的解答和必然结果。

（二）共产主义的历史必然性及实现之的特殊性

首先，共产主义的历史必然性。历史的全部运动不仅是共产主义的现实的和经验的产生活动，而且共产主义本身也理解和认识自身以及全部历史的生产运动。也就是说，共产主义是历史全部活动的结果，同时共产主义本身理解作为这种结果的自身。具体而言，资本主义私有财产的运动是作为异化了的人的生命表现的物质运动，是资本主义社会一切异化形式的根源。因此对于私有财产的积极扬弃就是对一切异化形式的积极扬弃，是对人的生命本质的真正的占有和回归。资本主义私有财产的运动是人类社会时至今日的整个生产运动的特定的感性表现，是人的本质力量的感性展现的历史发展进程的特定阶段。因此人类社会发展绝不会停留于此，必然会进入使人从宗教的异化、政治的异化、

① 马克思恩格斯全集：第 3 卷 ［M］. 北京：人民出版社，2002：297.

经济的异化中解放出来的共产主义,从而使人复归于自己的人的存在即社会的存在。资本主义的私有财产的运动为共产主义革命运动及其实现准备了经验的和理论的基础,因此人类进入共产主义是历史发展的必然趋势。

其次,实现共产主义的历史特殊性。一是"在不同的民族那里,运动从哪个领域开始,这要看一个民族的真正的、公认的生活主要是在意识领域中还是在外部世界中进行,这种生活更多的是观念的生活还是现实的生活"①。二是共产主义"径直是现实的和直接追求实效的"②。因为对于关于私有财产的思想理论的扬弃,凭借关于共产主义的思想理论就完全足够了,而要想在实物世界中扬弃以实物的方式存在的、现实的私有财产,还必须将共产主义思想付诸实践的共产主义运动。三是共产主义运动的前进性和曲折性的统一。尽管历史的发展必然导致共产主义,但是在思想中意识到的正在进行自我扬弃的私有财产运动或者作为对私有财产积极扬弃的共产主义运动"在现实中将经历一个极其艰难而漫长的过程,……我们必须把我们从一开始就意识到这一历史运动的局限性和目的,把意识到超越历史运动看作是现实的进步"③,从而对于人类已经踏上了的探寻共产主义的艰辛道路充满积极的乐观的态度。

最后,共产主义不是人类发展的终极目标。在进入共产主义之后,人对于自身的认识将实现自在与自为的统一,因为"整个所谓世界历史不外是人通过人的劳动而诞生的过程,是自然界对人来说的生成过程,所以关于他通过自身而诞生、关于他的形成过程,他有直观的、无可辩驳的证明。因为人和自然界的实在性,即人对人来说作为自然界的存在以及自然界对人来说作为人的存在,已经成为实际的、可以通过感觉直观的"④。也就是说,在共产主义实现之后,人不会再像以往那样,需要通过无神论对神这种对人而言的非实在性的否定作为中介来设定人的存在,需要通过否定凌驾于自然和人之上的异己的存在物来设定自身的实在性。也就是说,在进入共产主义之后,人对人自身的承认和复归不再需要通过中介即共产主义来实现,因为这种中介对于处于那时的人而言实际上已不再有任何意义、不再成为可能,因为"共产主义是作为否定的否定的肯定,因此,它是人的解放和复原的一个现实的、对下一段历史发展来说是必然的环节。共产主义是最近将来的必然的形式和有效的原则。但

---

① 马克思恩格斯全集:第3卷 [M]. 北京:人民出版社,2002:298.
② 马克思恩格斯全集:第3卷 [M]. 北京:人民出版社,2002:298.
③ 马克思恩格斯全集:第3卷 [M]. 北京:人民出版社,2002:347.
④ 马克思恩格斯全集:第3卷 [M]. 北京:人民出版社,2002:310-311.

是，共产主义本身并不是人的发展的目标，并不是人的社会的形式"①。因此，共产主义是人获取现实自由的手段和中介。也就是说，人不是为了共产主义而共产主义，而是为了现实自由而共产主义。

（三）共产主义所给予人的现实自由的一般状态

1. 人作为社会存在物而自由地活着

首先，劳动对象、劳动本身与人的统一将现实人与人以及人与自己类本质的统一。在作为私有财产的积极扬弃的共产主义之下，因私有财产的排他性而造成的人与人之间的孤立和冲突将消除，人将按照人的方式为了人和通过人进行生产劳动，每个人的活动都是在以合乎人性的方式生产自己和他人。劳动对象一方面是他存在的确证并体现着他的个性，另一方面又是"他自己为别人的存在，同时是这个别人的存在，而且也是这个别人为他的存在"②。

其次，共产主义将实现人与自然的统一以及人作为社会存在物与自然存在物的统一。作为劳动材料的自然界与作为主体的人是人类历史发展的基础，实现两者的统一不仅是私有财产自我扬弃运动的必然结果，而且实现两者统一的领域就在于共产主义。因为在共产主义社会中，人的活动和享受不再具有违背人性的性质而成为社会的活动和享受，人与人之间将合乎人性地互为存在和发展的条件，人真正成为"社会的人"。也正是因为人是社会的人，自然界成为人与人相互联系、互为存在和发展的条件的纽带和基础，成为人类生存和发展所必需的符合人性的生产要素和生活要素，人的自然的存在对人而言成为合乎人性的人的存在。一句话，自然界对人来说具有了人的本质。因此，共产主义下的"社会是人同自然界的、完成了的、本质的统一，是自然界的真正复活，是人的实现了的自然主义和自然界的现实了的人道主义"③。

最后，共产主义将实现人的个体存在与社会存在、类存在与类意识的统一。一方面，在符合人性的共产主义社会中，社会不再是抽象的共同体和人的自由的外部框架，个人也不再是以利己主义为特征的个人，社会与个人之间不再是对立的，个人存在、个体生活与社会存在、类生活实现了统一，即个人存在和个体生活直接地成为人的社会存在和类生活的表现方式和确证，而人的社会存在和类生活直接地由个人存在和个体生活得以展现。也就是说，不论是在

① 马克思恩格斯全集：第3卷 [M]. 北京：人民出版社，2002：311.
② 马克思恩格斯全集：第3卷 [M]. 北京：人民出版社，2002：298.
③ 马克思恩格斯全集：第3卷 [M]. 北京：人民出版社，2002：301.

马克思现实自由思想的缘起探究

思想上还是实践上，个人都自觉地、现实地作为真正的人、作为人的生命表现的总体，作为社会存在物而存在着，无论是在从事与他人一同进行的直接的共同的活动和享受，还是作为个人在从事科学这类很少与他人直接联系的独立活动和享受，都是以直观地、现实的形式进行的社会活动和享受，并且意识到这种活动和享受是社会的，因此人真正地作为社会的自为的特殊主体直观地、现实地占有着、享受着社会存在，从而成了现实的类存在物。另一方面，在符合人性的共产主义社会中，人的类存在与类意识将结束对立关系而实现统一，即"作为类意识，人确证自己的现实的社会生活，并且只是在思维中复现自己的现实存在；反之，类存在则在类意识中确证自己，并且在自己的普遍性中作为思维着的存在物自为地存在着"①，因此在共产主义社会中思维与存在将达到真正的统一。

2. 人因对自身丰富且全面的类本质的真正占有而自由地存在着

作为私有财产的积极扬弃的共产主义社会中的"人以一种全面的方式，就是说，作为一个总体的人，占有自己的全面的本质"②。具体而言如下：

私有制占有形式造成人将自然界、自身和他人看作异己的非人的对象，某种对象只有为人拥有和使用时才能算作占有和享受，以致占有和享受表现为片面的占有和享受，表现为一种为了异化劳动、私有制和资本的运行而存在的手段，进而致使人不论是在肉体还是精神上的一切感觉都因这种片面的占有和享受而成为一种异化了的、单一的感觉即"拥有的感觉"。相反地，共产主义社会将使人为了人并通过人对人的本质、生命和对象实现全面占有，使人的感觉和特性从私有制的片面占有和享受形式下彻底解放出来，祛除私有制下需要和享受的利己主义性质，使人不再以纯粹的有用性而以"人的效用"来看待自然界，最终使人的对象性活动即实践真正表现为能动和受动的统一，进而使人的一切感觉和特性在主体和客体方面皆成为人的。一方面，从客体方面或从人是受动的自然存在物方面讲，人之所以能在自身的对象性活动中设定对象，原因在于人本身就是被对象设定的，即对象是人的对象性活动的基础。因此，在共产主义社会的人的对象性活动中，对象不仅因自身所具有的独特性按照人的方式而成为与人的本质力量和个性相适应的人的对象；反过来，人的本质力量和个性也凭借着对象的多样的、丰富的独特性而不断地得到丰富、发展和全

① 马克思恩格斯全集：第3卷［M］. 北京：人民出版社，2002：302.
② 马克思恩格斯全集：第3卷［M］. 北京：人民出版社，2002：303.

面。因此，人在对象性的活动中，对象因对于人而言不再成为一种异己的力量而是成了人的对象或者说"对象的人"，而使人不会像在私有制占有形式下那样在对象中丧失自身，不会使对象对人而言仅仅具有"拥有的感觉"的单纯意义，而是使对象成为人的丰富的个性和本质力量的确证和实现，成为人的感觉得以丰富地和全面地发掘出来的基础，这样，人在对象性的活动中感觉与思维将达到统一即"感觉在自己的实践中直接成为理论家"①，而且凭借全部感觉与思维在对象世界中直观、确证和肯定自己。另一方面，从主体方面或从人是能动的社会存在物方面而言，对象之所以对人而存在和有意义，并成为人的本质力量的确证，是因为它是人的本质力量或感觉所及的对象，是因为人能动性地对象化着自身的本质力量。因此，在共产主义中，人真正成为社会的人，其感觉也真正成为社会的人的感觉，即随着人的对象化活动的不断深化以及人化的自然界的不断的扩展，作为表征着人的本质力量的感觉将不断得以丰富、发展和全面，不断"创造同人的本质和自然界的本质的全部丰富性相适应的人的感觉"②。总之，人本身将摆脱异化劳动和私有财产的奴役而成为社会的真正财富，即共产主义社会"创造着具有人的本质的这种全部丰富性的人，创造着具有丰富的、全面而深刻的感觉的人作为这个社会的恒久的现实"③。

三、小结

从本章所涉及的四个文本的内容中可以发现，马克思在研究造成人的非人境遇的社会现实问题时，遵循由浅入深的路径，即分析宗教的异化——政治的异化——经济的异化的逻辑思路，而经济的异化是前两种异化的根源。更为重要的是，马克思从对这种异化的分析中，发现人的真正自由不是人权意义上的个人自由，即抛弃人的类关系的个人自由，而是在合乎人性的人的类关系中所实现的自由，这种自由包含着自然、社会、人本身的彻底解放。因此，马克思从对人的异化的分析中看到了人获取现实自由的现实可能性，即无产阶级是人获取现实自由的历史承担者、共产主义是人获取现实自由的必由之路。至此，马克思便较为系统地形成了关于人的现实自由之路的唯物史观，而这一唯物史观的正式确立和初步宣言则是通过《神圣家族》来完成的。

---

① 马克思恩格斯全集：第3卷［M］．北京：人民出版社，2002：304．
② 马克思恩格斯全集：第3卷［M］．北京：人民出版社，2002：306．
③ 马克思恩格斯全集：第3卷［M］．北京：人民出版社，2002：306．

马克思现实自由思想的缘起探究

第四章　现实自由思想的初步宣言

　　在经历了由精神自由向现实自由的理论转变的过程之后，马克思已经非常明确思辨哲学家尤其是青年黑格尔派所宣扬的自由是一种无关痛痒的虚幻自由，其对于具体的人的悲惨境遇的实际改变不仅不会提供任何实际内容，而且还会有害于现实的人对于现实自由的探寻。与青年黑格尔派关于自由的错误观点相反，马克思认为自由不能仅仅局限于思想层面，而是必须来源于实物世界，即以实物的、感性的方式在实物世界中获取人的现实自由，而且现实自由的实现程度很大程度上决定着思想自由的实现程度，因此唯有立足于关于政治国家与市民社会之间真实关系的唯物史观的基础之上，具体地、历史地分析人在实物世界中不自由的现实原因和根源，才能够真正地在实物世界中发现人获取现实自由的现实可能性或路径。因此，此时的马克思急需一个窗口来申明自己新近形成的关于现实自由的唯物观点。马克思与恩格斯合作的第一部著作《神圣家族》完成了这一重要历史任务，因为它不仅较为系统地、总结性地批判了思辨哲学家和青年黑格尔派的虚幻自由观，而且以初步宣言的方式阐明了马克思与恩格斯两人此后一生从未放弃过的观照人的现实自由之路的立场和方向。

第一节　文本成书经历和内在批判逻辑凸显了其历史地位

　　在马克思文本研究史上，该著作往往不被人们所重视，认为其相比于马克思后期的诸如《德意志意识形态》《共产党宣言》《资本论》等思想较为成熟的著作，仅仅是批判青年黑格尔派思辨哲学的一系列论战性作品中的一部思想较为不成熟的论述唯物史观的著作。这种对《神圣家族》的忽视态度尤其可以从国际知名的马克思主义研究者戴维·麦克莱伦对于该书的评价中窥见一斑："这本书极为松散，是《文学总汇报》上没有结构、松散的批判文章。马克思的大多批判是做无谓的细微的分析，并故意把他们对手的文章观点歪曲到荒谬的程度"①，而且它"出版之时几乎没有人阅读它，当然，它也不是马克思的主要著作"②。因此，学者们对于该著作的研究常常局限于简单地阐释其中所包含一些体现着历史唯物主义特质的思想内容，例如揭露思辨结构的秘密、对异化问题的批判、对唯物主义史的论述以及对社会主义和共产主义的论证。实质上，对《神圣家族》的忽视是一种有失片面的形而上学的做法，因为这种做法只是简单地将该文本从马克思的思想发展历程中截取出来，并以其所内含的唯物主义思想不成熟来判定其不是马克思的主要著作，从而抹杀了该文本本身在马克思探寻人的现实自由的思想发展历程中所具有的历史意义和历史地位。不可否认，《神圣家族》相比后期著作中的思想不够成熟，一定意义上是清算青年黑格尔派的过程中的一个过渡性文本，但是纵观马克思一生的思想发展历程，就会发现该文本在马克思追求人的现实自由的历程中的历史地位即作为现实自由思想的初步宣言，所以从这个角度看该文本的话，其重要性就不言而喻了。而且尽管该文本存在着结构松散等缺点，但是如果认真细读，就会发现马克思在写作此书时遵循着一条清晰的、内在的批判青年黑格尔派以阐明自己关于自由的新思想的逻辑脉络。正是通过这条清晰的逻辑脉络，马克思不仅达到了较为系统地清算青年黑格尔派的目的，而且有效地阐明了观照人的现实自由的中心思想，进而使该文本获得了在自己的思想发展历程中作为观照人的现实自由之路的初步宣言的历史地位，因此本节将从以上两个方面着重论述《神圣家族》的历史地位。

一、文本的成书经历体现了文本的历史地位

从前面的两章中可以获悉，此时的马克思在经历了《莱茵报》时期对物质利益等社会问题发表意见的现实难题以及"书房"中关于自由观的理论转变之后，已经非常明确地意识到人不是抽象的而是具体的，人的自由的实现必须从现实世界中通过现实的方式获取，而青年黑格尔派抽象地谈论的自由仅仅是虚幻的自由，对于现实世界即资本主义社会中处于异化状况下的无产阶级乃

---

① 戴维·麦克莱伦. 马克思传［M］. 王珍，译. 北京：中国人民大学出版社，2006：136.
② 戴维·麦克莱伦. 马克思传［M］. 王珍，译. 北京：中国人民大学出版社，2006：138.

至整个人类的解放是不会有任何实际帮助的，因此探寻人的现实自由之路便被马克思确立为自己一生追求的目标和动力。然而此时的他急需一个契机来表明自己所形成的这种关于自由的新观点，而《神圣家族》为他提供了这个机会。

1844 年，马克思与恩格斯已完成了从唯心主义向唯物主义、从革命民主主义向共产主义的转变。同年，8 月 28 日，他们在巴黎的一间具有法国摄政时期风格的咖啡屋中进行了历史性的会面，此次会面不仅成了二人伟大友谊开始的标志，而且奠定了他们以后在探寻人的现实自由之路的理论和实践活动的各个方面进行创造性合作的基础。在会面之后，他们感到"在德国，对真正的人道主义说来，没有比唯灵论即思辨唯心主义更危险的敌人了"①，因此"决定用小册子对布鲁诺·鲍威尔做最后的清算，公开发表他们新近共同的观点"②，即决定通过批判由鲍威尔主编的《文学总汇报》③ 上所集中反映的青年黑格尔派的思辨哲学观点来阐明他们新近的共同观点即以观照人的现实自由之路为目的的、基于人道主义的唯物主义。在他们看来，在该报中，青年黑格尔派的思辨哲学歪曲现实的全部谰言达到了顶点。与此同时，也将整个德国思辨哲学歪曲现实的全部谰言推至到了顶点。也就是说，整个德国思辨哲学歪曲现实的全部谰言的顶点即青年黑格尔派的思辨哲学，因此清算青年黑格尔派将有助于人们识破思辨哲学的幻想，启蒙人们自觉立足于实物世界以实物的方式来探寻自身的现实自由之路。所以，马克思在该文本的序言中写道："批判的批判④使我们不得不用现在所达到的成果本身来同它做一个简单的对比。"⑤从而在此基础上共同地阐明关于现代哲学、社会学以及自由等重要问题的具有历史唯物主义特质的肯定的见解。这样，在马克思和恩格斯的共同努力之下，写于 1844 年 9 月至 11 月的《神圣家族》便于 1845 年 2 月以单行本的形式在德国的法兰克福出版了。

《神圣家族》作为马克思和恩格斯合作的第一部著作，不仅标志着他们伟大友谊的开始，而且标志着他们以其作为确立观照人的现实自由之路的伟大目标的初步宣言。这可以从他们二人对于该著作中肯的评价中明晰：一是在该著

---

① 马克思恩格斯全集：第 2 卷 [M]. 北京：人民出版社，1957：7.
② 戴维·麦克莱伦. 马克思传 [M]. 王珍，译. 北京：中国人民大学出版社，2006：135.
③ 《文学总汇报》是德国哲学家 B. 鲍威尔等人创办的德文月刊。共出版 11 期，同马克思和 A. 卢格合编的《德法年鉴》相对抗。
④ "批判的批判"意指青年黑格尔派及其思辨哲学观。
⑤ 马克思恩格斯全集：第 2 卷 [M]. 北京：人民出版社，1957：8.

作完成之时，马克思颇为惊奇地"很快发现'小册子'变成了几乎 300 页的书"①，而恩格斯则指出"我们两人对《文学报》所采取的严正的鄙视态度，同我们竟然对它写了 22 个印张这一点很不协调"②。之所以出现这种令他们二人惊讶的写作初衷与内容篇幅不协调的反差现象，原因在于他们二人尤其是马克思当时急需一个契机来阐述他们新近形成的观照人的现实自由之路的重要思想，因此《神圣家族》的问世对于马克思和恩格斯尤其是马克思的整个思想发展历程而言有其历史必然性。二是马克思和恩格斯关于《神圣家族》在马克思主义发展历程上的重要意义分别给予了肯定。马克思在重读该著作之后于 1867 年 4 月 24 日给恩格斯写信道："我愉快而惊异地发现，对于这本书我们是问心无愧的，虽然对费尔巴哈的迷信现在给人造成一种非常滑稽的印象。"③恩格斯则明确地将该著作定性为马克思观照人的现实自由之路的初步宣言："费尔巴哈没有走的一步，必定会有人走的。对抽象的人的崇拜，即费尔巴哈的新宗教的核心，必定会由关于现实的人及其历史发展的科学来代替。这个超出费尔巴哈而进一步发展费尔巴哈观点的工作，是由马克思于 1845 年在《神圣家族》中开始的。"④

二、内在批判逻辑因呈现了中心思想而保障了文本的历史地位

首先，就文本的题目而言，《神圣家族》全名为"神圣家族，或对批判的批判所做的批判。驳布鲁诺·鲍威尔及其伙伴"。马克思和恩格斯之所以给他们合作的首部著作定名为"神圣家族"，是因为这个题目原是意大利著名画家安得列阿·曼泰尼雅的一幅描绘一些天神、天使和神父环绕在圣婴耶稣周边的名画的题目，而这个题目正可以讽喻唯心思辨地将人的自由局限于与现实世界彻底隔绝的自我意识中的、以布鲁诺·鲍威尔为首的青年黑格尔派，即用圣婴耶稣讽喻鲍威尔，而用环绕在耶稣周边的天神、天使和神父等来讽喻甘做鲍威尔"门徒"的其他成员。

其次，就本书的内在批判逻辑而言，《神圣家族》尽管是马克思和恩格斯两人的合著，但是在一共有九章内容的整部著作中，其中只有前三章、第四章

马克思现实自由思想的缘起探究

① 戴维·麦克莱伦. 马克思传 [M]. 王珍，译. 北京：中国人民大学出版社，2006：136.
② 马克思恩格斯全集：第 47 卷 [M]. 北京：人民出版社，2004：350.
③ 马克思恩格斯全集：第 31 卷 [M]. 北京：人民出版社，1972：293.
④ 马克思恩格斯文集：第 4 卷 [M]. 北京：人民出版社，2009：295.

前两节以及第六、第七章中各两小节的内容是由恩格斯所写。也就是说，恩格斯所完成的部分在整部著作中所占的比重较小，因此该著作的主体乃至整个章节的设置都是由马克思完成的。不容否认，该著作的缺点在于其各章之间篇幅较不一致，文本结构不够紧凑以及每章所阐述的理论内容相互之间也存在一定程度的重叠，但是，应该将这些不足之处理解为形式方面的缺点，且不能纠结和停留于此，因为文本本身内含着清晰的逻辑脉络，具体原因如下：

　　针对文本所存在的结构上的松散和各章内容的部分重复等缺点，马克思首先在该文本的序言中道明了客观原因：由于是针对青年黑格尔派在《文学总汇报》上所发表的一系列具有思辨唯心主义性质的文章，所以"我们的叙述方法自然要取决于对象本身的性质。批判的批判在各方面都低于德国的理论发展水平。因此，假如我们在这里没有进而对这一发展本身加以探讨，那是由于我们所研究的对象的本质所致"①。而且，如果认真剖析文本所蕴含的思想内容，就易厘清作者在批判青年黑格尔派的思辨唯心主义以阐明关于人的现实自由的唯物史观的过程中所遵循的清晰可见的逻辑路径，同时马克思自己也在该著作的第六章第一节中对之做出了明确阐述：

　　"过去，批判的批判似乎对各种各样的群众的事物多少进行过一番批判的研究。现在我们却发现它是在研究绝对批判的对象，即它自己。到目前为止，它一直是靠批判地贬低、否定和改变某些群众的事物和人物来取得自己的相对荣誉。现在它却靠批判地贬低、否定和改变全体群众来取得自己的绝对荣誉。同相对的批判对立的有相对的界限。同绝对的批判对立的有绝对的界限、群众的界限，即作为界限的群众。和一定的界限相比，相对的批判本身必然是有限的个体。和普遍的界限相比，和界限本身相比，绝对的批判必然是绝对的个体。正像各种各样的群众的事物和人物汇合在'群众'这一锅不纯的稀粥里一样，似乎还是事物的和人物的批判也一变而为'纯批判'了。过去，批判似乎多少是赖哈特、埃德加尔、法赫尔等这些批判的个人的特性。现在它却是主体，而布鲁诺先生则是它的化身。"②

　　因此，马克思沿着鲍威尔及其"门徒"独有的思辨理性的逻辑路径即由"相对的界限"以及与之对立的"相对的批判"过渡到"绝对的界限"以及与之对立的"绝对的批判"，顺次地批判鲍威尔的门徒及其思辨观点直至鲍威

---

　　① 　马克思恩格斯全集：第 2 卷［M］. 北京：人民出版社，1957：7.
　　② 　马克思恩格斯全集：第 2 卷［M］. 北京：人民出版社，1957：99.

尔本人及其思辨观点，以求彻底清算青年黑格尔派，并阐明他和恩格斯共有的唯物史观，所以马克思就是按照这个批判论敌的次序或者说逻辑来设置文本的结构的。这具体体现为：马克思在《神圣家族》的前五章内容中基本上依次地着重批驳了赖哈特、法赫尔、荣格尼茨、埃德加尔、施里加等青年黑格尔派的个别成员，把他们的理论观点讽喻为与"相对的界限"对立的"相对的批判"，并把这些人讽喻为"相对的批判"的个别性的化身即"有限的个体"；自第六章起便开始重点批驳鲍威尔本人，把其理论观点讽喻为与"普遍的界限"对立的"绝对的批判"，并把其本人讽喻为"绝对的批判"的主体性的化身即"绝对的个体"。所以，马克思在道明了自己的批判逻辑即以上所摘录的引文内容之后总结道："以前的一切批判的关系现在都在绝对批判的英明和绝对群众的愚蠢的关系中消失了。这个基本的关系是过去的批判的行动和战斗的意图、去向、解答。"① 因此，尽管马克思在写作《神圣家族》之时，唯物史观已初具形态，但是由于存在着要对青年黑格尔派成员的思辨唯心主义的观点分别做出具体的、有效的批判以求彻底清算思辨唯心主义的实际需要，才不得不在已经初具形态的关于人的现实自由的思想链条中拆分和截取出一些相对较为重要的、急需表达的具体的思想论点来针锋相对地批判论敌的错误观点，不得不在思想阐述上就具体观点论具体观点、就具体事件论具体事件，致使文本出现了以上所言的结构松散、各章内容部分重叠等缺点。所以，不仅要明确导致这些缺点的原因不在于马克思的思想逻辑的不清，而在于"批判对象的性质"以及批判论敌的实际需要；而且要明确马克思正是在文本的松散结构中沿着以上所言的清晰的批判逻辑路径，实现了他与恩格斯合著这本书的"重要目的"，即在批判青年黑格尔派成员思辨唯心主义观点的基础上，阐明以观照人的现实自由之路为根本宗旨、以人道主义为底色的唯物史观，从而保障了文本作为他们观照人的现实自由之路的初步宣言的性质。因此，在《神圣家族》这本书的写作行将结束之时，马克思满意地意识到他和恩格斯基本上完成了写就这本书的"重要目的"，因而仅以一句充满乐观和肯定色彩的话语作为全书第九章的整个内容来结束全书或者说总结全书的思想内容，这句话即"我们以后知道，灭亡的不是世界，而是批判的'文学报'"②。

综上所述，尽管《神圣家族》在唯物主义具体思想的探讨和阐发上相比

---

① 马克思恩格斯全集：第 2 卷 ［M］. 北京：人民出版社，1957：99—100.
② 马克思恩格斯全集：第 2 卷 ［M］. 北京：人民出版社，1957：268.

作者之后所写就的著作而言不够完善，然而，它在马克思追求人的现实自由的思想历程中具有重要的历史地位即探寻人的现实自由之路的初步宣言。因此，《神圣家族》所包含的思想内容必定在马克思的思想发展进程中拥有着继往开来的重要价值，即总结和推进既有的围绕人的现实自由之路而涉及的与哲学和社会学相关的唯物主义思想，确立未来关于寻求人的现实自由之路的研究方向。所以，以下两节的任务就在于从因马克思就观点论观点、就事论事进行批判的实际需要而导致的松散的文本结构中，对文本的各章思想内容进行细致梳理，从而重新拼接并还原《神圣家族》所包含的具有总结性、前瞻性和宣言性特点的观照人的现实自由之路的思想链条，进而进一步证明《神圣家族》在马克思追求人的现实自由的思想历程中所具有的初步宣言的重要历史地位。

第二节　破除思辨唯心主义对于人追求现实自由的思想禁锢

　　马克思在《神圣家族》的序言中对青年黑格尔派的思辨唯心主义的本质及其对于人的自由的实现的危害性做了总结性的概括：对于以观照人的现实自由之路为原则的、基于人道主义的唯物主义而言，最危险的敌人莫过于思辨唯心主义或唯灵论，因为"它用'自我意识'即'精神'代替现实的个体的人"①，力图像基督教传播者一般高喊并宣称肉体相比精神而言是短暂而虚弱不力的，唯有精神才是恒久而强有力的，世界和众生正是精神的杰作。显然，这种脱离并凌驾于肉体、世界和众生的精神所具有的力量仅仅局限于自己的幻想中，而青年黑格尔的唯心思辨哲学正是宗教神学以漫画式再现出的思辨表现和最完备的变体，它力求通过将"批判"变为超现实的绝对力量而使自身得以确立为绝对真理的化身。因此，青年黑格尔派是通过将自我意识即"精神"脱离现实的人并将其绝对化为现实的人的主宰的思辨唯心的方式来高扬精神的自主性和独立性，从而强调人的自由在于精神自由。然而，这种将自由局限于思想层面的做法，对于处于现实世界中的现实的人的自由的获取不仅具有虚幻性，而且具有危害性，因为对于基于人道主义的唯物主义而言，人是现实的具体的，其自由也必然是合乎人性的现实自由。所以，马克思以"人是具体的"

---

　　①　马克思恩格斯全集：第2卷［M］. 北京：人民出版社，1957：7.

作为整个文本的立论基点，系统地批判了思辨唯心主义对于人追求现实自由的思想禁锢，并一如既往地强调了哲学存在的价值在于观照实物世界，并实际地干预人的现实自由的获取进程。

一、揭露思辨唯心主义者的逻辑路径以破除思辨的虚幻自由

思辨唯心主义者在认识世界时所遵循的唯心思辨的逻辑路径可以通过关于思辨唯心主义者对于抽象的"一般果实"和具体的个别果实的关系的认知的例子得以形象的、充分的说明。

首先，思辨唯心主义者由具体的个别果实的自然属性中抽象出"一般果实"。由于思辨唯心主义者夸大人的思辨理性而否定人的感性理智，便从如扁桃、梨、苹果等具体果实的自然属性中抽象出具体果实的具体名称，然后再由具体果实的具体名称抽象出一般观念即"果实"。待"一般果实"的观念得出之后，便主观地判定其独立于具体果实，而且规定其为具体果实的本质和实体。因此，扁桃、梨、苹果等具体果实存在的根据便不再是为感性理智所感知的、其本身所独具的特性即自然属性，而是从这些具体果实中通过思辨理性抽象出来的虚幻本质即抽象概念"果实"，这样具体果实就被思辨地规定为"一般果实"的简单存在形式即"样态"，而其本身所具有的相互之间相区别的自然差别即自然属性便被认为是非本质的差别而被抹杀了。所以，对于思辨唯心主义者这种脱离实物世界的认知方式和思考方式，可以这样形象地来打趣：他像一位将自己的全部学问单单囿于"矿物"这个抽象概念的矿物学家一般，凡是遇到任何具体的矿物，只会说这是"矿物"而不能对之特殊性和效用给以客观的研究和判定，以为只要把握了"矿物"这个抽象概念，那么世界一切的具体矿物便尽在自己的掌握之中，然而，他本质上只是一位自己的想象中的、思辨的、徒有其表的矿物学家。

其次，思辨唯心主义者的思辨逻辑接下来的步骤便是将抽象概念的"果实"唯心思辨地转化为拥有"思辨属性"的非现实的"个别果实"。思辨唯心主义者可以较为容易地通过相互区别的具体果实得出抽象观念即"一般果实"，但是要由后者回复到或者得出前者却很困难，因为其必须抛弃抽象。然而，要抛弃抽象来实现思辨逻辑的第二个阶段，就必然要面对无法回避的难题，即"果实"这个一般的抽象观念如何外化并体现为相互区别的具有本质差异性的具体果实。而与"果实"这个一般的抽象观念明显不同的具体果实

又来源于何？面对这样的难题，思辨唯心主义者给出了令人费解的答案，即"'一般果实'并不是僵死的、无差别的、静止的本质，而是活生生的、自相区别的、能动的本质"①。多样的个别的具体果实的存在价值在于其是作为抽象概念的"果实"自我演化进程中分化出的相互区别的具体化身和表现，是"果实"在自我发展的链条上的各个特定环节和定在，从而使"果实"能够渐次地通过它们而实现自身。这样就不能按照思辨逻辑的第一阶段来认为相互区别的个别的具体果实是"果实"，而应该按照思辨逻辑的第二阶段来认为果实设定和规定自身为相互区别的现实的个别果实，这样因自然属性而相互区别的具体果实之间的本质差别就成了"果实"本身的自我差别和特定环节。因此"一般果实"就通过其自我演化的进程中的多样的特定表现即具体果实而成了拥有"实在内容"和"实在差别"的总体。它在自我发展的过程中不断地创造出和产生出特定的环节，并通过这些特定的环节而使自身得以进一步的发展，直至最终走向自我设定的、作为具体果实的总体。这样，"一般果实"在循环往复中不断地实现自身，而具体果实则不断地产生并消融于"一般果实"的统一体中。然而，思辨哲学家对于其独有的逻辑路径的第二个阶段的完成，貌似抛弃了抽象，实质上却没有超出抽象的范围，因为其是用一种神秘的、思辨的方式来完成这第二个阶段的，其所得到的结果也只能是纯抽象的幻象。也就是说，"一般果实"从自身中创造出来的具体果实只是抽象理智的产物即虚幻的、观念上的具体果实的名称，而非感性的现实世界的产物即现实地存在着的具体果实。因此，对于思辨唯心主义者而言，"通常的果实的意义现在已经不在于它们的天然属性，而在于使它们在'绝对果实'的生命过程中取得一定地位的思辨属性"②。

因此，认真地剖析思辨哲学家所特有的思辨理性的思辨逻辑，必然会发现其之所以能够完成上述思辨逻辑的两个阶段尤其是第二个阶段的根本原因。思辨唯心主义者从相互区别的具体果实的自然属性中抽象出具体果实的特有名称，再由具体果实的特有名称概括出抽象概念即"果实"，同时唯心地将其判定为多样的具体果实的根据。之后，便唯心思辨地否定具体果实的自然属性而只承认其观念上的名称。或者说，使具体果实脱离自身的自然属性而成为观念上的具体果实，从而使之具有思辨属性即成为一般果实自我发展的系列上的特

---

① 马克思恩格斯全集：第 2 卷［M］. 北京：人民出版社，1957：73.
② 马克思恩格斯全集：第 2 卷［M］. 北京：人民出版社，1957：74.

定环节。

最后，思辨唯心主义者将归属于具体的人的思辨理性活动主观地设定为某个"绝对主体"的自我活动，如将从某一具体果实如梨的名称推移到另一具体果实如苹果的名称的人的思辨活动主观地设定为不属于具体的人而属于"一般果实"这一绝对主体的自我活动。所以，在思辨唯心主义者那里出现了颠倒的世界观。例如，"黑格尔常常在思辨的叙述中做出把握住事物本身的、真实的叙述。这种思辨发展之中的现实的发展会使读者把思辨的发展当作现实的发展，而把现实的发展当作思辨的发展"①。

实质上，思辨唯心主义者不能理解普遍性、共性寓于并依存于特殊性、个性以及脱离个性所谈论的共性只会是无本之木的唯物观，而是按照其固有的思辨逻辑将抽象的一般作为事物发展的动因，从而否定了具体事物具有丰富内容的现实规定和特殊性。因此，面对人本身及其自由的问题，思辨哲学家必然否定处于实物世界中的人的现实性和具体性，否定人的活动的现实性，主观地将人本身设定为抽象的、空洞的"人类"或"自我"等范畴，从而将人的自由的获取归结于思想层面，否定人的自由在内容和获取方式上的现实性。然而，这种脱离人的现实性而抽象地谈论自由的做法是往往不能为人的自由的实际获取提供任何帮助的，往往会沦为不切实际的幻想和精神鸦片。

二、肃清思辨唯心主义者的唯心史观给予人获取现实自由的思想枷锁

首先，现实的人必须历史地看待社会历史发展过程尤其是自由本身问题。"一切谬误都构成科学的阶梯，甚至我们的最不完善的判断也包含着一些真理，这些真理对于某些归纳推论和对于实际生活的某一特定领域是完全够用的；超出这些推论和这个领域，这些真理就会在理论上产生谬误，在实践上导致失败。"② 所以，应当按照唯物史观中关于谬误与真理、绝对真理与相对真理的关系来正确地把握整个人类演进史，唯物辩证地把握作为人的现实自由之路的产生活动和演进过程的整个人类历史的不同阶段对于自由本身的理解和探寻方式，尤其要正确地看待和明确在人类历史发展过程中的不同阶段人们对于公平、正义等与自由本身相关的道德原则的实在内容的不同理解和践行方式。道德原则任何时候都不是超历史的绝对道德，而总是具体的历史的，所以

---

① 马克思恩格斯全集：第 2 卷 [M]. 北京：人民出版社，1957：76.
② 马克思恩格斯全集：第 2 卷 [M]. 北京：人民出版社，1957：31.

"关于道德规则的不完备的知识在一定的时间内也可能足够社会进步之用"①，因此道德原则在人类社会的实践过程中通过对自身不断扬弃而呈现渐次演进的过程，即"原则通过自身的否定而实现的规律"②。"原则"是人类社会历史发展进程中存在的普遍的、一般的规律，而不是绝对精神、自我意识等为思辨唯心主义者所推崇的"主宰"世界的抽象的纯思辨的原则，故而关于原则的理解不能陷入思辨唯心主义的泥潭，即或者认为事物的发展是为了证明原则，或者认为原则存在的目的是为了证明事物的发展。相反，原则本身仅仅是事物本身自我发展的普遍的客观规律以及人类对其正确认识和把握的结果。例如，关于人类社会历史发展中法的发展路径就可以作为与自由相关的道德原则通过自身否定而自我实现的历史规律的例证："罗马法的否定导致了法的概念在基督教的法的观念中的扩大，征服者的法的否定导致了自治团体法的确立，法国革命对全部封建制法的否定导致了更广泛的现代法律秩序的建立。"③

其次，黑格尔和青年黑格尔派的英雄史观因违背了历史发展的客观进程而具有虚幻性。要明晰和判定鲍威尔的唯心史观与黑格尔的唯心史观两者的关系及其共同的本质，就应该着眼于哲学的基本问题，即物质和意识、社会存在和社会意识何者为先的关系问题，只有这样才会得出正确的唯物结论：以鲍威尔为代表的青年黑格尔派关于精神与人民群众何者是历史创造者的问题的历史观本质上仅是黑格尔历史观的漫画式的翻版和完成，是将黑格尔历史观推向极致的表现和结果，"而黑格尔的历史观又不过是关于精神和物质、上帝和世界相对立的基督教德意志教条的思辨表现"④。这种对立在人类历史发展进程的范围内具体表现为：少数杰出人物与人民群众的分离和对立，前者是积极精神的表现，后者则是物质而精神空虚的表现。黑格尔的唯心史观特点在于他以绝对精神作为人类社会历史进步的原动力，而把居于实物世界中的具体的人贬低为绝对精神用以实现自身的自我发展的工具即"有意识或无意识的承担者"。具体而言，黑格尔的唯心史观包含着两个层面：一是就人类整体与绝对精神的关系而言，人类历史本身是绝对精神自我发展的历史进程的体现和定在。在这个过程中，推动历史发展的主体是绝对精神而非具体的人，人类仅仅是绝对精神

---

① 马克思恩格斯全集：第 2 卷［M］. 北京：人民出版社，1957：31.
② 马克思恩格斯全集：第 2 卷［M］. 北京：人民出版社，1957：38.
③ 马克思恩格斯全集：第 2 卷［M］. 北京：人民出版社，1957：38.
④ 马克思恩格斯全集：第 2 卷［M］. 北京：人民出版社，1957：108.

用以实现自身历史发展的、毫无能动性的承担者，人类本身及其活动产生于并消融于绝对精神的自我发展的过程，这样整个人类的客观的历史活动和发展过程就沦为绝对精神自我发展的抽象历史。二是就单个的现实的人与绝对精神的关系而言，绝大多数个人由于缺乏自觉意识而无法认识到绝对精神在人类历史发展中的主体地位，从而"无意识"地承担了绝对精神用以实现自身的工具。相反地，只有某些极少数个人因拥有自觉意识而能够"有意识"地、自觉地担当了绝对精神用以实现自身的承担者。之所以如此的原因：在于"每一个单个的人是否愿意去冒充这样的'精神'代表者，这要取决于他的地位和想象力"①，而此种地位与想象力在黑格尔眼里只有思辨哲学家才拥有。这决定了思辨哲学家可以在其理论中表现绝对精神从而代表绝对精神，然而思辨哲学家仅仅是绝对精神在"无意识地"完成和结束了自我运动即"创造历史"之后用以回顾历史以意识到自身的工具。也就是说，思辨哲学家是事后上场者，他参与创造历史的活动仅局限于意识上"回顾"已经结束了的由绝对精神完成了的历史运动，因此对于绝对精神的历史发展而言哲学家依然不具备任何能动性。实质上，所谓的绝对精神"创造历史"的活动只不过是发生在哲学家思辨的头脑中的、由哲学家完成的幻想，而黑格尔之所以强调哲学家是绝对精神意识自身的工具的真实目的在于含蓄地表达哲学家实质上就是绝对精神，然而，历史既不是哲学家也不是黑格尔所臆造的绝对精神所创造的，而是由现实的人所创造的。因此，黑格尔一方面宣布绝对精神是创造历史的绝对主体，却又不肯直接而是含蓄地承认哲学家就是绝对精神；另一方面不否定具体的人的历史作用，尽管仅是承认具体的人是绝对精神创造历史的承担者。因此黑格尔的关于绝对精神创造历史的唯心史观具有双重性即既否定现实又承认现实，这种双重性致使其唯心史观具有不彻底性和保守性。与黑格尔的唯心史观的保守性不同，鲍威尔将唯心史观推向了极端：他不仅不认为绝对精神创造历史以实现自身的活动需要无意识的承担者，而且抛弃了黑格尔关于哲学家是创造历史的绝对精神的含蓄表达，直接认为他自己本身及其门徒作为哲学家就是绝对精神，即"他宣布批判是绝对精神，而他自己是批判"②，因此历史便是由他及其门徒按照思辨哲学所固有的思辨逻辑而创造的，即"他是有意识地在扮演

---

① 马克思恩格斯全集：第 2 卷 [M]. 北京：人民出版社，1957：108.

② 马克思恩格斯全集：第 2 卷 [M]. 北京：人民出版社，1957：109.

世界精神的角色"①。这样，现实的人类及其活动便被鲍威尔排斥于绝对精神之外而与绝对精神处于完全的对立之中，从而彻底否定了现实的人及其活动对于历史发展的任何历史作用。因此，鲍威尔及其门徒认为推动人类社会历史发展进程的积极的、有价值的因素便是他们自身，而抑制人类社会历史发展的消极的、无价值的因素便是具体的人和人民群众，结果人类的历史发展便沦为了以鲍威尔为首的青年黑格尔派的思辨理性的大脑活动。

最后，黑格尔和青年黑格尔派所推崇的关于绝对精神或自我意识创造历史的唯心史观本质上是将少数杰出人物推崇为历史创造者的英雄史观，因而具有鲜明的阶级性。这种唯心史观是维护占全社会总人口比例较少的资产阶级统治地位的英雄史观，是资本主义社会的唯一的官方意识形态和历史态度。其在资本主义整个社会意识中占据着支配地位，因此唯心史观必然对立于代表占全社会总人口比例多数的无产阶级的物质利益的唯物史观。随着人类社会的发展，无产阶级与资产阶级这两个对立阶级的相互关系的历史运动将在整个人类历史运动中占据主导地位，所以包括唯心史观与唯物史观的对立在内的所有现代社会的对立都将消融在无产阶级反对资产阶级以解放自身进而解放全人类的历史斗争中，消融于无产阶级为获取人的全面自由而进行的不懈奋斗中。

在克服了思辨唯心主义者的思辨逻辑、唯心史观对于人获取现实自由的思想束缚之后，哲学本身的重要的历史任务就在于必须在立足实物世界的过程中为人的现实自由的获取做出实际的干预。

三、哲学须立足实物世界以实际干预人的现实自由的获取进程

马克思在批判黑格尔与青年黑格尔派关于自我意识与实物世界的关系的唯心思辨的观点的基础上，正确地阐述了思维与存在、理论与实践的唯物辩证的关系，从而指出哲学必须真正地立足于实物世界以指导现实的人通过实物方式获取现实自由。

首先，在自我意识与实物世界的关系上，为了证明自我意识是统帅一切的、唯一的绝对主体，黑格尔不仅认为自我意识是无限的而实物世界是有限的，将包括人类社会在内的实物世界变为"纯粹的范畴"，然后将"纯粹的范畴"思辨地设定为纯抽象的自我意识实现自我的特定规定和环节；而且指出

① 马克思恩格斯全集：第 2 卷［M］. 北京：人民出版社，1957：109.

自我意识的唯一存在方式是绝对知识，而人的唯一存在方式是自我意识，因而将实际上归属于"人的自我意识"思辨地颠倒为"自我意识的人"，这样黑格尔便在其思辨哲学中实现了对于世界的本末倒置。正是源于这种错误的哲学观，黑格尔在解决自我意识与实物世界的冲突时，往往主观地认为只要在自我意识中克服了关于实物世界的"纯粹的范畴"，就意味着在自我意识中克服和征服了实物世界。然而，黑格尔思辨地将实物世界从属于、消融于自我意识的做法，不仅不能对实物世界有任何实际的改变，而且由于其不否认客观世界的真实性，仅仅是在观念中颠倒了世界，所以在一定程度上暴露了黑格尔的思辨唯心主义哲学对于客观世界的依赖性，这种依存性使其思辨哲学相比彻底否定实物世界的青年黑格尔派而言成了"最保守的哲学"。

其次，关于自我意识与实物世界的关系，鲍威尔作为青年黑格尔派的核心人物沿袭黑格尔的唯心思辨的哲学观点，但是却是以彻底否定实物世界这种更为激进的方式来推崇"自我意识"的绝对主体地位。也就是说，他简单地将实物世界排斥出并对立于自我意识，使自我意识不沾染点滴关于实物世界的现实规定，任意地从抽象的自我意识中先验地构造对象世界，纯粹用观念创造观念，结果鲍威尔必然反对和否定人的客观的、能动的实践活动以及以实践活动为实质的哲学理论，而提倡和强调具有完全的绝对性、普遍性的自我意识的思辨唯心主义哲学。所以当鲍威尔认为克服实物世界只需在自我意识中消融关于实物世界的范畴时，得到了和黑格尔一样的结果，即实物世界的实物的现实没有发生任何实质性的改变，它依然像往常一样持存着，因为这种改变仅仅是思想意识层面的改变，而不是以实物的方式作用于实物世界，所以在黑格尔那里的思维与存在的神秘同一的形式在鲍威尔那里继续以理论和实践的神秘同一的形式延续着。

再者，就黑格尔与青年黑格尔派思辨哲学对于人们认识实物世界的价值而言，"黑格尔的'现象学'尽管有其思辨的原罪"①。也就是说，其错误在于以头足倒置的、主谓颠倒的思辨形式观照了思维与存在、意识与物质的现实关系。但也正是这种把世界头足倒置的方式，暗含了人类把握客观世界的合理的科学方法，即再次颠倒黑格尔认识世界的头足倒置的旧有方式，便可得到本真的观照世界的科学的、唯物辩证的方法。然而，相比黑格尔，青年黑格尔派却绝对地否定了实物世界的客观性，以纯抽象的观念来制造观念，在纯粹的想象

---

① 马克思恩格斯全集：第 2 卷 ［M］．北京：人民出版社，1957：246.

中来构造对象世界，所以其思辨哲学对于正确地处理思维与存在、理论与实践的关系毫无意义。

最后，在总体上，思辨哲学由于其本质即对实物世界抽象的和超验的反映，而使自身患有脱离现实的弊病。也就是说，对于实物世界而言，思辨哲学从未有过任何客观的鉴别力并对之做出真正的判决，即从未以实物的方式干预实物世界的发展进程，而只是囿于纯思辨的"实践"形式即思维活动。所以，为了使来源于实践的哲学克服抽象性和超验性的弊病，"哲学应该从思辨的天国下降到人类贫困的深渊"①，直面实物世界，在人类的实践过程中以实证科学的态度正确地观照客观世界，为人的现实自由进程提供有效的、合理的指导，即在剖析和批判实物世界的过程中启蒙人们以实物的方式去改变实物世界以争取自身的现实自由，而不是满足于脱离现实世界的、局限于思想层面的、关于自由的纯抽象形式的"实践"即思维活动。所以，以理论与实践相统一为原则的哲学，必须研究和解答资本主义社会中关于人的异化的根源为何的现实问题，即"国家、私有财产等怎样把人化为抽象，或者它们怎样成为抽象的人的产物，而不成为单个的、具体的人的现实"②。

第三节　在定在中获取现实自由

从上一节可知，黑格尔和青年黑格尔派在面对和回答现实问题时，往往以为只需将原本属于感性的正常理智的范围内的实际问题主观地归结为抽象的思辨理性的范围内的抽象问题，现实问题便会迎刃而解。所以按照这种唯心思辨逻辑，他们对于人本身的现实性的理解也必然陷于抽象，即将人看作精神、理念等抽象的东西，而不是具体的、现实的人。因此，当他们在看待人的自由问题时，同样地会将人追求自由的历史发展的客观进程归结于"绝对精神"或"自我意识"这样的纯抽象范畴，认为只要将人为了实现自由而实行的所有在实物层面上的客观的斗争思辨地转换为在思想层面上的抽象的斗争，或者将剥夺人的自由的所有感性的客观锁链思辨地转换为纯抽象的思想上的锁链，人的自由便可获取。但是，这种自由观因其虚幻的本质而对于人获取现实自由没有任何实际的指导作用，因为这种自由观所宣扬的自由实质上是具有基督教教义

---

① 马克思恩格斯全集：第2卷 [M]．北京：人民出版社，1957：49.
② 马克思恩格斯全集：第2卷 [M]．北京：人民出版社，1957：246.

性质的、唯灵论性质的精神自由或理论自由，"这种自由认为自己即使在束缚中也是自由的，这种自由觉得自己很幸福，即使这种幸福仅仅存在于'观念中'"①，然而这种自由观将被人民群众的一切实践活动所驳斥和排挤。因此，为了践行自己所确立的哲学任务，马克思坚持让事物的实质当权的原则，立足于人是具体的现实的历史唯物主义立场，指出在资本主义社会中具体的人的自由必须以实物的方式争取，即人民群众的"世俗社会主义的第一个原理就否认纯理论领域内的解放，认为这是幻想，为了真正的自由它除了要求唯心的'意志'外，还要求完全能感触得到的物质的条件。'群众'认为，甚至为了争得一些只是用来从事'理论'研究的时间和经费，也必须进行物质的、实际的变革"②。

一、现实自由因人是具体的而必须从物质利益中探寻

马克思由批判埃德加尔关于"爱情"的思辨观点得出人的具体性在于人的活动本身和活动对象的现实性的唯物史观，并基于此通过分析市民社会中物质利益对人的思想和行为的左右而得出关于市民社会中现实的人的本质特点以及市民社会与政治国家的关系的唯物史观，强调应该立足于市民社会中的物质利益本身来探寻人的现实自由。

（一）人是现实的

青年黑格尔派的成员埃德加尔认为"爱情"是人性自私自利的表现，它使每个人把别人当作实现和满足自己的自利欲望的手段和途径，从而使个人不是在"自我"中而是在他人身上寻求自己的本质和存在，因此爱情作为一种情欲是会令人丢失自我而走向毁灭的危险祸端，堪比腓尼基人以儿童为祭品来供奉的邪恶火神即"摩洛赫"，所以人必须抛弃和根除爱情，这样才能够从摆脱爱情的纠缠中获得一种心灵宁静的"自由"。为了使人在"自我"中实现自由，埃德加尔便思辨地将"爱情"异化为外在于人的独立的抽象主体，并对之进行批判，认为这样就可以消除爱情对人的危害性。

但是，人因其活动本身及其活动对象的客观性而是现实的、具体的存在者，而像"爱情"之类的事物不是虚幻的而是现实地发生于感性世界之中，是人的活动和生命力的客观表现，表征着人的存在的现实性。然而，埃德加尔

---

① 马克思恩格斯全集：第 2 卷 [M]. 北京：人民出版社，1957：120.
② 马克思恩格斯全集：第 2 卷 [M]. 北京：人民出版社，1957：121.

将作为人的现实性表征之一的现实活动即爱情异化为独立于人之外的抽象主体并对之加以否定的做法，实质上是否定了人的现实性和具体性，而将人归结为抽象空洞的纯概念"自我"。埃德加尔之所以能够思辨地将爱情脱离现实的人而变为一种抽象的主体，就在于其所使用的唯心思辨的思维方法：唯心思辨地颠倒主语与谓语的原有位置，即把主语思辨地变成谓语，把谓语思辨地变成主语；把原本作为谓语的人的活动变成主语，使"人的活动"主观地变为"活动的人"，把"人的爱情"思辨地变为"爱情的人"，这样就把作为谓语的爱情之类的人的活动与作为主体的人主观地分离开来，使之绝对化为特殊的、独立自存着的主体，从而使人所具有的一切现实内容和规定皆变为人的抽象"本质"的自我异化的定在，变为抽象神秘的"怪物"，结果"人的爱情"就变成了"爱情的人"，进而变成"爱情的爱情"，而青年黑格尔派就是这样把作为人的谓语的批判变为了"批判的批判"，然而对于这种与人分离看来的抽象主体的推崇和崇拜本身是以牺牲真实的自我和思考力为前提和代价的。因此，作为人的现实性和具体性的生命表征的"爱情"等现实活动便消融于埃德加尔的抽象观念"自我"中，使现实的人变为了毫无现实内容的、空洞的抽象"自我"，从而致使"自我"这一抽象概念成了人类的全部的本质内容，也就是说，"人类"变成了与作为个体的单个的人分离开来的、以抽象概念"自我"为本质内容的静态抽象概念，结果人的本质就只是"自我""人类"这类空洞的抽象概念。

对于人的现实性和具体性的否定以及将人归结为"自我"等抽象概念的思辨唯心观不仅仅是埃德加尔个人的思想特点，而且是所有思辨哲学家的思想特色，而他们之所以这样做的根本原因在于"思辨结构的主要兴趣则是'来自何处'和'走向何方'。'来自何处'正是'概念的必然性、它的证明和演绎'（黑格尔）。'走向何方'则是这样的一个规定，'由于它，思辨的圆环上的每一环，像方法的生气蓬勃的内容一样，同时又是新的一环的发端'（黑格尔）"①。所以像爱情这样的人的现实活动才会被思辨哲学家所反对并被先验地构造为抽象概念的思辨逻辑上的一环并消融于其中。所以，马克思批判道：思辨哲学家"不仅反对爱情，而且也反对一切有生命的东西、一切直接的东西、一切感性的经验，反对所有一切实际的经验，而关于这种经验，我们是决

---

① 马克思恩格斯全集：第 2 卷［M］. 北京：人民出版社，1957：26.

不会预先知道它'来自何处'和'走向何方'的"①。因此，与思辨哲学家将人的活动本身及其活动对象与人脱离开来，并绝对化为独立自存的抽象存在物以否定人的存在的现实性，继而从抽象概念的"自我"中探寻自由的思辨唯心观不同，马克思认为必须承认人的具体性和现实性，并以此作为探寻人的现实自由之路的基点。

（二）人的现实自由必须着眼于物质利益

基于人的现实性和具体性的唯物史观，现实的人在谋求自身的现实自由的过程中必须基于不受人的意识左右的客观世界，特别是影响甚至决定人的意识、行为的物质利益，而不是寄希望于思辨哲学家所构造的具有超验性的抽象概念，因为"'思想'一旦离开'利益'，就一定会使自己出丑"②。

出于对于人的存在的现实性一定意义上表现于客观的物质利益影响甚至决定人的意识、行为的正确认识，马克思通过否定思辨哲学家将人比作绝对虚空中的"原子"的错误观点，进一步分析了处于市民社会中的现实的人受到物质利益左右的客观原因，从而阐明了市民社会以及处于其中的具体的人的本质特征。以鲍威尔为首的青年黑格尔派由于不承认人的意识和行为受到客观世界以及现实社会中的物质利益的支配，而主观地将个人设定为不受外在实物世界影响和左右的独立自满的"原子"以探寻人的自由的可能性，但是，这种自由只能是一种虚幻的自由，至多是一种观念上的自我欺骗的"自由"，因为观念上的自由的实现的范围和广度很大程度上取决于人在实际物质生活中的现实自由的实现的范围和广度。因此，为了阐明市民社会中人的本质特质，有必要将原子与现实的人两者的特性进行深刻地比较：原子是没有任何属性的自满自足、独立自存的存在物，其内在本性即"万物皆备于我"，所以原子对于自身之外的世界没有任何内在需求、不与之发生任何实际关系，外在世界对原子而言就是毫无任何实际内容的"绝对空虚"；与之相反，生活于市民社会中的人却不具有原子的"万物皆备于我"的内在本性，他不是自满自足的独立的存在物，他之外的世界对于他的意义在于这个世界是拥有丰富的现实规定的、无限价值的"绝对实在"，而非没有现实规定的、毫无价值的绝对空虚。而对于这一点可以具体地从两个角度来理解和把握：一方面，现实的个人乃至整个人

① 马克思恩格斯全集：第2卷［M］. 北京：人民出版社，1957：26.
② 马克思恩格斯全集：第2卷［M］. 北京：人民出版社，1957：103.

类在谋求自身发展的过程中对于物质世界具有绝对意义的依赖性。因为人生产各种物质产品的创造能力是以物质世界的客观存在为前提和基础的，是在物质本身事先存在的前提下进行着的，所以物质本身不是人所能创造的，因此人作为具有能动性的存在物的条件首先在于他是一个受动的、感性的自然存在物。也就是说，物质世界的客观存在保障了人的能动性；或者说，人的能动性的客观前提在于实物世界的客观存在。另一方面，处于市民社会中的个人有着与原子截然相反的内在本性，即为了个人的生存和发展而必然与外在的实物世界和他人建立相互关系的自然需要，这种自然需要有着不受人的思想所左右的现实性和客观性，而且现实的人的任何一种具体感觉都时刻地迫使他承认这一点。因此，处于市民社会中的个人为了自身的物质利益而必须与外在世界和他人发生现实关系的自然本性使每个人成了利己主义者，这实质上表明他所具有的一切生活本能、实际活动和特性对他而言是具有自然性的本能需要即私欲，而他的这种私欲在实际的社会关系中就是以对外在的具体事物和他人的私欲或癖好的需要为内容的。也就是说，利己主义者相互之间本是没有直接的、必然的联系的，所以他们要实现各自的私人利益，就必须与能够满足他的私人利益的他者建立关系，而关系的建立的前提则是他拥有可以满足有求于之的他者的私人需要的能力，这样利己主义者"就相互成为他人的需要和这种需要的对象之间的皮条匠"①。由此可以明确的是，人与人联系在一起构成以利己主义为特征的市民社会的条件是自然的必然性、人的特性和私人利益，所以市民生活而非政治生活才是市民社会的利己主义成员相互之间的现实联系。因此，市民社会中的利己的人仅仅至多在观念中将自身设定为自满自足的"原子"，但是在市民社会的实际生活中，为了不受到物质生活的排挤和"教训"，他不能也不会把自己设定为"原子"，而是作为社会存在物主动地与他者建立实际关系以满足自己的具有自然必然性的私人需要，所以"他们不是神类的利己主义者，而是利己主义的人"②。而且国家的产生正是以现实的人出于现实的自然需要而相互连接起来而形成的市民社会为基础的，所以国家与市民社会的关系是后者巩固前者而非前者巩固后者。

　　基于关于人的思想和行为与物质利益的关系的唯物史观，现实的人对于自身的现实自由的追求必须始终着眼于市民社会中存在的客观的物质利益，而这

　　① 马克思恩格斯全集：第 2 卷［M］. 北京：人民出版社，1957：154.
　　② 马克思恩格斯全集：第 2 卷［M］. 北京：人民出版社，1957：154.

一唯物史观得到了恩格斯进一步的确证："追求幸福的欲望只有极微小的一部分可以靠观念上的权利来满足，绝大部分却要靠物质的手段来实现。"① 因此，基于人的现实自由的获取应当着眼于客观的物质利益的唯物史观。马克思进一步剖析和批判了资本主义私有制及其人权自由的违反人性的本质，从而得出了人的现实自由的获取必须克服资本主义私有制以超越人权自由的重要结论。

二、现实自由的获取必须克服资本主义私有制以超越人权自由

马克思通过揭露资本主义私有制与平等原则的对立本质以及资本主义所宣扬的人权自由的虚伪性，得出了资本主义私有制必然为共产主义公有制代替的历史命运以及人的现实自由的获取必然在于人类解放而非政治解放的唯物结论。

（一）资本主义私有制的财产"平等占有"原则的虚伪性

首先，蒲鲁东对于政治经济学的发展具有重要贡献。以往的政治经济学家的研究弊端就在于：一方面，将资本主义私有制本身假定为一种不需证明的、确定不移的历史事实来作为自己的一切论断和研究的前提和基础，而没有对其进行必要的考察，致使其对于资本主义社会经济现实问题的研究难以得到实质性的解答；另一方面，将资本主义私有制与平等原则相等同，将平等作为私有制的理性根据。也就是说，将资本主义私有制美化为人类迄今为止最为平等的经济关系，然而这显然是与私有制本身造成的人的异化的事实相矛盾。相反地，首位客观地、科学地研究了政治经济学的前提——私有制的人是蒲鲁东，因为他是第一个考察了私有财产的内在矛盾及其所导致的社会的非人化的恶果，从而使政治经济学因首次出现了具有创新意义的重要变革而拥有了具有科学性的现实可能性。

其次，资本主义社会所宣扬的"自我意识"和"平等"原则具有虚伪性。法国资产阶级所推崇的"平等"原则，与以往的德国思辨哲学家所提倡的"自我意识"原则实质上都是资本主义私有制所宣扬的，一种意在反对造成不平等社会现实的封建等级制的平等观，即"自我意识是人在纯思维中和自身的平等。平等是人在实践领域中对自身的意识，也就是人意识到别人是和自己平等的人，人把别人当作和自己平等的人来对待。平等是法国的用语，它表明

① 马克思恩格斯文集：第4卷［M］. 北京：人民出版社，2009：293.

人的本质的统一，人的类意识和类行为、人和人的实际的同一。也就是说，它表明人对人的社会的关系或人的关系"①。因此法国资产阶级通过思维直观的、政治性的语言形式所阐发的"平等"原则与以往德国思辨哲学家凭借抽象思维的语言形式所阐述的"自我意识"原则在本质上具有一致性。但是，当资产阶级革命胜利后，由资产阶级所构建的资本主义社会本身实质上并没有实现其原有的平等理念。因为私有财产的存在使人依旧处于不平等的社会现实中，所以无论是"自我意识"原则还是"平等"原则都不无讽刺性地转而成了资本主义社会中不平等的社会现实在观念上希求"平等"的慰藉性的反映。这种反映的弊病在于囿于观念上的关于平等的原则，以求摆脱资本主义社会中客观存在的造成人的不平等的社会现实，而这不仅不能消除私有财产造成的不平等的社会现实，反而对于人们追求真正的平等的现实活动具有危害性，即麻痹人们对于阶级差异的是非观与对不平等的社会根源的客观认识。因此，对于处于资本主义社会中的现实的人而言追求真正的平等不应局限于思想层面上的"自我意识"或"平等"原则，而是要立足于实物世界，以实物的方式变革私有财产所造成的人的不平等的社会现实。

最后，私有财产的内在原则即"平等占有"的内在矛盾蕴含了资本主义私有制必然灭亡的历史命运。以往的政治经济学家认为不仅"平等占有"是私有制的理性根据和证明私有制存在合理性的一切论据的前提，而且认为私有制本身在市民社会现实生活中也现实地体现为合乎人性的合理的平等关系。但是，实质上，资本主义私有制是对其理性根据平等的否定，因为私有财产造成了人在市民社会中处于不平等的非人的残酷境遇。也就是说，本是为了"平等占有"的私有财产的划分，结果却导致了人的现实的不平等即"不平等的占有"。因此，以往的政治经济学家从平等角度论证和阐释本质上是对平等否定的私有制的合理性的做法是错误的，这种错误就像神学家所犯的错误一样，即从人的视角阐释宗教观念的做法与作为宗教前提的"超人性"相矛盾。因为私有财产有着必然消亡的历史结局：实际上，作为一种原则和制度的私有财产在人类社会中是不可能持存的，其本身因有着不可克服的自我矛盾而终会走向自我消亡，"用德国的方式来说，它是自我外化、自相矛盾和自我异化的平等的定在"②。因此，私有制本身只是如下人类历史事实即"平等占有"的客

---

① 马克思恩格斯全集：第 2 卷 [M]．北京：人民出版社，1957：48.
② 马克思恩格斯全集：第 2 卷 [M]．北京：人民出版社，1957：50.

观发展进程的特定环节："实物是为人的存在，是人的实物存在，同时也就是人为他人的定在，是他对他人的人的关系，是人对人的社会关系。"① 所以，作为自我异化着的"平等占有"的特定环节的资本主义社会的私有制，必然不是人类历史发展的终极形式，终将在"平等占有"的自我否定的辩证发展的实际过程中被扬弃，为彻底实现"平等占有"的新的社会形态即共产主义公有制所取代。因为，在共产主义公有制下，违反人性的人的异化的社会现实将被消除，"财产占有"的功能将由社会本身肩负起，"在这种职能中'利益'不是要'排斥'别人，而是要把自己的力量，自己的本质力量使用出来和发挥出来"②。如此，个人通过私有财产来侵占和剥削他者劳动的绝对权力便在这样的新的社会形态中不再具有存在的现实性，保障了社会每一个成员平等地占有社会财产的权力，从而为人的现实自由的获取提供了坚实的物质基础。这一关于在共产主义下财产占有的唯物史观可以明确地由《共产党宣言》中的一句名言来概括："共产主义并不剥夺任何人占有社会产品的权力，它只剥夺利用这种占有去奴役他人劳动的权力。"③

（二）资本主义国家实质造就了"人权"自由的虚妄性

在这里，马克思进一步探究了他在《论犹太人问题》中所涉及的关于政治解放与人的解放的差别的主题，不仅继续否定了鲍威尔把人类解放和政治解放、人类本身和国家、人本身和人权等同起来的错误观点，而且再次指出在现代资本主义国家里，现实的人对自身自由的探寻已经不再处于寻求政治解放的历史阶段，而是处于通过对资本主义国家实质的分析和批判以探寻人类解放的现实可能性的历史阶段，因为在现代资本主义国家中的社会成员已经获取了完全的政治解放，但是还完全没有获得真正给予人现实自由的人类意义上的人的解放。显然，政治解放与人的解放两者之间有着本质的区别，因此必须客观地研究和分析现代资本主义国家的实质以对政治解放本身达到清醒的认识。因此，马克思通过对于现代资本主义国家的本质的剖析，揭露了以普遍人权为内容的政治解放的虚伪性，进而得出人的现实自由的获得在于人类解放而非政治解放。

首先，资本主义的市民社会、普遍人权与政治国家三者之间的客观关系。

① 马克思恩格斯全集：第2卷［M］.北京：人民出版社，1957：52.
② 马克思恩格斯全集：第2卷［M］.北京：人民出版社，1957：52.
③ 马克思恩格斯文集：第2卷［M］.北京：人民出版社，2009：47.

马克思现实自由思想的缘起探究

现代资本主义国家得以建立的自然基础是市民社会以及构成之的、居于其中的现实的人，而这一"自然基础"是以私人利益为整个社会纽带和以利己主义为整个社会特征的。也就是说，构成市民社会的人是只凭借无意识的自然必然性、私人利益而相互之间建立关系的独立的利己的人，是"自己营业的奴隶，自己以及别人的私欲的奴隶"①。所以，在为了实现私人利益的自发性的私欲的推动下，市民社会的成员便要求资本主义国家承认并给予个人以诸如居住自由、财产自由、信仰自由等所谓符合"人性的自由"的普遍人权，而现代政治国家对于普遍人权的承认实质上就是承认市民社会以及个人的自私自利的本性，"承认构成这种个人的生活内容，即构成现代市民生活内容的那些精神因素和物质因素的不可抑制的运动"②。例如，资本主义所给予人的普遍人权保障了个人充分地占有私有财产的自由，而不是使人从私有财产的奴役中彻底解放出来；保障了个人完全地拥有了选择宗教信仰的自由，而不是使人从作为精神鸦片的宗教束缚中彻底解放出来；保障了个人充分地拥有了追求物质利益的合法权利和自由，而不是使人摆脱追求物质利益的自利动机所导致的龌龊行为。因此，资本主义的市民社会为了保障自身的有效运行就通过建立其上的政治国家对于普遍人权的承认来实现。或者说，资本主义的国家是市民社会从封建的政治桎梏中解放出来的产物，必然通过对普遍人权的承认来维护自己得以存在的自然基础和出生地即市民社会。

其次，资本主义国家的内在矛盾导致了人权本身的虚妄性。资本主义国家通过废除市民社会中的诸如工业、贸易、土地等物质要素以及如宗教等精神要素的原有的政治存在即封建特权，来使这些市民社会生活要素能够按照自身的规律而自由蓬勃的发展，即形成具有自发性的生命力的、无法阻挡的"普遍运动"即资本主义经济运动，从而使人从封建特权下解放出来并获得政治自由。也就是说，资本主义国家在废除封建特权的同时给予每个人以新的特权即普遍人权。然而，一方面，资本主义社会发展必需的生活要素所构成的诸如自由工业、自由贸易等不可阻挡的普遍运动，因其以"无政府状态"的形式运行而造成了人性的扭曲般的自私，导致了一切人相互反对、算计和斗争的恶性的社会局面，使人沦为了自己和他人的私欲以及上述"普遍运动"的奴隶；而资本主义所宣扬的、貌似给人以最大的自由的普遍人权因其对利己的个人及

---

① 马克思恩格斯全集：第2卷 [M]. 北京：人民出版社，1957：145.
② 马克思恩格斯全集：第2卷 [M]. 北京：人民出版社，1957：145.

其生活要素的承认和保障，进一步加剧了人陷入难以自拔的奴隶境地，所以"市民社会的奴隶制恰恰在表面上看来是最大的自由，因为它似乎是个人独立的完备形式；这种个人往往把像财产、工业、宗教等这些孤立的生活要素所表现的那种既不再受一般的结合也不再受人所约束的不可遏止的运动，当作自己的自由，但是，这样的运动反而成了个人的完备的奴隶制和人性的直接对立物"①。因此，普遍人权本身实质上体现和美化了资本主义私有制及其经济运动所造成的人与人相互之间互为实现自我私利的手段、分离和对立的实际关系，其本质就是无情的自私自利，而人类社会所要实现的人的解放就在于消除资本主义社会这种无情的、冷血的、独一无二的自私自利及其经济的根源。另一方面，资本主义国家颁布"公法"以保障以自私自利为本质的普遍人权，但是市民社会中市民要素的普遍运动的无政府状态却促使人们为了各自的私人利益而相互敌对和斗争即相互侵害对方的人权，而公法又是以市民社会为基础的。这样，保障人权的国家"公法"必然与造就人权的、作为国家基础的市民社会生活要素的普遍运动的无政府状态处于相互对立和制约的矛盾关系中。这种矛盾关系不仅表明了资本主义国家本身与其基础市民社会处于不可克服的自我矛盾之中，而且表明了普遍人权本身就是一个内含着资本主义国家内在矛盾的自我矛盾体，其所给予人的自由有着虚妄性的特点。

最后，由资本主义国家本身及其自然基础即市民社会排斥无产阶级于自身之外的社会现实而探知普遍人权具有阶级性的本质，从而明晰普遍人权所给予人的自由的虚伪性。在资本主义社会中，不是无产阶级排斥国家与社会，而是国家与社会排斥无产阶级于自身之外，从而使其处于违反人性的非人的生存境遇，而这种排斥无产阶级的做法本身就是对资本主义自身所标榜的普遍人权的否定、亵渎和讽刺。就社会从自身排斥无产阶级方面而言，社会相比国家的做法较为隐蔽、斯文，即"在从自身中排除的问题上，社会的做法跟国家的做法实质上是一样的，所不同的只是社会做得比较斯文一些。譬如，社会不是把你一脚踢出门外，而是创造一些条件，使你在这个社会里难以生存下去，结果，你会心甘情愿地离开它"②，因此处于资本主义社会中的无产阶级会被迫甚至心甘情愿地处于被排斥和被统治的地位。就资本主义国家从自身排斥无产阶级方面而言，国家相比社会的做法要直接、野蛮，甚至残忍。也就是说，资

---

① 马克思恩格斯全集：第2卷［M］．北京：人民出版社，1957：149．
② 马克思恩格斯全集：第2卷［M］．北京：人民出版社，1957：122-123．

本主义国家通过政治制度、法律制度等国家层面的制度设计直接地让无产阶级处于被排除的地位即被资产阶级统治的地位。而且资本主义国家为了保障自身的正常的有效运转，则会无视无产阶级与资产阶级之间根本对立的阶级矛盾，表面化地接纳和承认无产阶级的存在，而这种接纳的前提在于无产阶级"安分守己"即安于被排除、被统治的地位，所以"国家并不排除那些遵命守法和不阻碍它的发展的人。完备的国家甚至对许多事情都熟视无睹，它把真正的对立说成是非政治的、对它毫不妨碍的对立"①。然而，一旦无产阶级认识到并诉诸革命行动来改变自己被排斥、被统治的地位，资本主义国家就会凭借暴力来镇压无产阶级革命来保障资本主义国家正常的运行。因此，资本主义所宣扬的普遍人权对于无产阶级而言实质上就是忍受、安于自身被排斥、被统治的奴役地位。也就是说，资本主义国家承认和给予无产阶级的人权仅仅是形式的和表面化的，因为这种人权对于无产阶级而言是以甘愿忍受人的异化造成的悲惨的生活境遇和牺牲自身的真正的现实自由为代价的，这样反过来就使人权实质上是相对于资产阶级而言的，是其用来保障自身统治地位的工具，因此普遍人权所给予人的自由因其鲜明的阶级性而具有虚妄性。

马克思在对资本主义普遍人权的虚伪性进行了深刻地批判之后，进一步指出属于政治解放层面的普遍人权不是天赋的而是历史地产生的，不是人类自由的终极形式，人类自我解放的历史任务应该是超越政治解放层面进入到探寻人的解放的层面，而真正能够实现人类解放的社会形式就是共产主义，因为它克服了资本主义所导致的人的异化现象，为人的生存和发展营造了保障人的全面自由的社会环境，使居于其间的社会成员作为真正的人进行自我生命表现、合乎人性地展现自身的生命力。

三、现实自由的获取基于无产阶级以实物方式所实现的共产主义

马克思基于历史上为自由而进行的革命运动的规律的正确认识，指出无产阶级作为私有制的否定方面，必须以实物的方式推翻资产阶级的统治、消除私有制，从而实现以人的现实自由为内容的共产主义。这是历史发展的必然趋势，即"历史的结果就是：最复杂的真理、一切真理的精华，（人们）最终会自己了解自己"②。

---

① 马克思恩格斯全集：第 2 卷 [M]. 北京：人民出版社，1957：123.
② 马克思恩格斯全集：第 2 卷 [M]. 北京：人民出版社，1957：101.

应该着眼于客观的实际的物质利益来正确地认识和理解人类社会历史发展进程中为自由和解放而进行的革命运动，只有这样才能得到对于革命活动的规律的客观的正确认识，避免陷入唯心史观。基于这一正确的唯物史观，就会发现任何力图领导革命的革命阶级能否赢取革命胜利的必要条件之一，就在于其革命目的能否有效地影响其他被压迫阶级的物质利益。也就是说，人民大众对某种革命目的和活动究竟关心到何种程度、抱有多大的热情很大程度还是要取决于这些革命目标和活动对于人民群众的物质利益的涉及程度和影响程度，因为离开利益的革命思想和活动终究难以得到有效的、普遍的社会认同和支持。因此，历史上取得革命成功的革命领导阶级的共同特征之一就在于它们能够将自身的特殊利益冒充为全社会的普遍利益，将自身特殊自由的实现即特殊解放冒充为全社会的普遍自由的实现即普遍解放。因此，历史上凡是得到人民大众认同和支持的革命领导阶级的特殊利益，总是能够在革命成功之前，在思想理论上远远地超出由其自身的特殊利益的性质所规定的"实际界限"，将自己与全社会甚至全人类的普遍利益相混淆；或者说，将自身美化为全社会甚至全人类的普遍利益的代表。但是，其他参与革命的、处于非领导地位的革命阶级，尽管对于革命成功做出了不可磨灭的贡献，但是由于其所持有的革命的政治观念与自身的实际物质利益的不一致以及现实历史条件的限制，实质上在革命过程中沦为了革命领导阶级实现自身特殊利益和解放的历史工具，在革命成功之后自身并没有得到像革命领导阶级那样的实质性的解放。因此对于参与革命的、处于非领导地位的革命阶级而言，所谓的"成功的"革命活动又是不成功的。

为了具体地证明上述的历史现象，马克思以 1789 年发生在法国的资产阶级革命的"成功"和"不成功"的两个方面作为例证。一方面，法国 1789 年的资产阶级革命由于推翻了封建专制并使资产阶级获得了国家政权即实现了其自身的物质利益，因而对于法国资产阶级而言革命是成功的。资产阶级所领导的这场旨在实现自身特殊物质利益的革命活动之所以成功的一般原因在于资产阶级借以解放自身与社会的具体的历史条件业已成熟；资产阶级自身的物质利益诉求与其所持有的政治观念和革命原则相一致；资产阶级的革命原则在当时历史条件下的所有革命原则中占据支配性地位。所以，尽管资产阶级在取得政权之后，它的物质利益所曾激起的革命激情已经消失，用来装饰自己代表全社会的普遍利益的热情之花已经凋零，但是在其发动并领导革命时，其物质利益爆发出了暴风雨般的惊人的强大的摧毁性力量，以至于成功地战胜和征服了阻碍它实现自身的一切曾经令人畏惧、胆寒的封建势力。另一方面，包括无产阶级在内的一切参与革命的非革命领导阶级在资产阶级所领导的这场成功的革命中却是"不成功"的，因为在其帮助资产阶级取得革命成功之后，他们自身并没有获得真正的解放即在摘掉了封建奴役枷锁的同时又被套上了资本奴役的枷锁。这些非革命领导阶级之所不成功的根源在于：非革命领导阶级担当解放自身与社会的革命领导阶级角色的具体的历史条件还没有形成；非革命领导阶级自身的物质利益诉求与其所持有的政治观念和革命原则不一致，即其将资产阶级所持有的革命原则和政治观念当作和冒充为代表自身的特殊实际利益的革命原则和政治观念；非革命领导阶级理应持有的体现自身特殊实际利益的革命原则尚未形成或不是革命的主导原则。因此，人类历史上一切具有重大意义的成功的革命活动都有其不成功的一面，而这不成功的一面就在于革命的成功在本质上并不涵盖全体社会、全体人民群众在内，而只是局限于全体社会内部有限的、特殊的部分即领导革命的特殊阶级；在于革命的成功在本质上并没有超出革命领导阶级的原有的生活条件的特殊的有限范围，而那曾经唤起了整个社会的革命激情和革命关怀的革命领导阶级的革命原则和政治观念，对于整个社会、一切非革命领导阶级而言实质上也仅仅是一种"观念"，一种短暂的激情和表面的热潮之类的"观念"。同样地，对于成功的资产阶级革命而言也不例外。

正是从革命的"成功"与"不成功"的分析中，马克思断言："历史活动是群众的事业，随着历史活动的深入，必将是群众队伍的扩大。"① 也就是说，人的自由的实现程度必然随着拥有不同特殊利益诉求的不同革命领导阶级的特殊自由的实现而不断地扩展，直至革命领导阶级的特殊利益、特殊自由与全人类的普遍利益、普遍自由在矛盾发展中达到融合和一致，即某个特定的革命领导阶级的特殊利益、特殊自由的实现便是全人类的普遍利益、普遍自由的实现，从而使全人类获得真正的全面的现实自由，而能够实现这一历史"融合"任务的特殊阶级，必然是历史地产生的无产阶级。

（二）无产阶级必然成为人的现实自由的历史承担者的再论证

对于无产阶级本身乃至现代社会而言，根本的"问题不在于目前某个无

_____

① 马克思恩格斯全集：第 2 卷 ［M］. 北京：人民出版社，1957：104.

产者或者甚至整个无产阶级把什么看作自己的目的，问题在于究竟什么是无产阶级，无产阶级由于其本身的存在必然在历史上有些什么作为。它的目的和它的历史任务已由它自己的生活状况以及现代资产阶级社会的整个结构最明显地无可辩驳地预示出来了"①。

　　首先，作为的人的自我异化的结果的无产阶级与资产阶级是矛盾着的两个对立面，而且由于两者在矛盾体中的差异性的地位导致它们各自对自身的理解也具有本质性的差异。就资产阶级与无产阶级在这个矛盾统一体中的地位而言，作为社会的富有方面和绝对方面的资产阶级为了维护自身的存在，不得不同时维持其对立面即无产阶级的存在，所以它是维持矛盾的肯定方面，是资本主义社会私有制本身自我维持和自我满足的肯定方面。相反地，为了实现自身的解放，无产阶级必然要推翻资产阶级的统治以及消灭私有制，所以它是破除矛盾的否定方面，是资本主义私有制本身自我消亡和自我扬弃的否定方面。因此，基于不同的地位，无产阶级与资产阶级各自对自身有着本质性差异的理解：作为人的自我异化的产物的资产阶级，不仅在此种异化过程中拥有了达到人的真正自由的必备的首要条件——"人的生存的外观"，即因实现了自身的物质利益的解放而过着符合人性的富足的物质生活，而且将这种异化本身当作自身强大力量的明证，当作自我肯定和维护自身统治地位的方式和手段，所以资产阶级把自身看作是支配现代人类世界的绝对的、不容置疑的主导者即"上帝"。与之相反，作为人的自我异化的产物的无产阶级，不仅在此种异化过程中经历着贫苦不堪的、悲惨的非人生活，而且感到不幸、痛苦和不自由，感到此种异化本身是自身软弱无力和走向毁灭的命运的明证和根源，因此他们对于这种违背人性的非人生活境遇充满了愤怒，要求通过实际的革命斗争来改变现状以解放自身。所以，"在整个对立的范围内，私有者是保守的方面，无产者是破坏的方面。从前者产生保持对立的行动，从后者则产生消灭对立的行动"②。

　　其次，人的现实自由的历史实践者由无产阶级担当，这是人类社会发展过程中不以人的意志为转移的必然结果。"无产阶级执行着雇佣劳动因替别人生产财富、替自己生产贫困而给自己做出的判决；同样地，它也执行着私有制因

马克思现实自由思想的缘起探究

---

　　①　马克思恩格斯全集：第 2 卷 [M]. 北京：人民出版社，1957：45.
　　②　马克思恩格斯全集：第 2 卷 [M]. 北京：人民出版社，1957：44.

产生无产阶级而给自己做出的判决。"①在私有制和异化劳动所推动的资本主义经济运动中，无产阶级在实际生活中过着肉体和精神上的双重贫困的悲惨的非人生活，这种非人的生活境遇使无产阶级天生地具备了成为人的解放的历史承担者的能力，因为异化劳动和私有制所造就的无产阶级在为自己生产贫困的同时为资本家创造财富的历史事实，已经对于异化劳动和私有制、资本家和无产阶级的历史命运做出了历史性的判决。也就是说，资本主义私有制和异化劳动使无产阶级自身过着非人般的贫困的、悲惨的生活，使其不仅完全丧失了作为真正的人应该具备的生存的外观，而且丧失了一切作为真正的人的本应该具有的内在规定，因而现代世界的所有悖逆人性的奴役和剥削在这个苦难阶级的生活条件中发展到了极致，所以这种压迫和奴役时刻地迫使无产阶级必然通过革命斗争的方式来实现自我解放。然而，无产阶级要实现自我解放必须以消灭资本主义私有制所产生的人类现代世界的一切非人的生活条件为前提。因此，对于无产阶级而言，"如果它不消灭它本身的生活条件，它就不能解放自己。如果它不消灭集中表现在它本身处境中的现代社会的一切违反人性的生活条件，它就不能消灭它本身的生活条件"②。而当这个苦难的阶级在消除了奴役和压迫着自身以及整个社会的绝对对立面即资产阶级以及异化劳动和私有制之后，其自身以及整个社会将随之得到全面解放，这时无产阶级自身的历史使命也将结束。也就是说，其自身也将随着解放的实现而消亡，所以无产阶级在实现革命胜利之后不论如何都不会像资产阶级那样异化为整个社会的绝对方面。

（三）无产阶级必须以实践批判的方式来实现人的现实自由

创造历史的主体是现实的具体的人，因此无产阶级必须以实物的方式去推翻资产阶级统治，消除私有制和异化劳动，进而建立共产主义社会以实现人的现实自由。

首先，创造人类历史的不是抽象的"历史"本身而是现实的人。历史本身与现实的人的关系为：历史是人的历史，而非人是历史的人，现实的人是主语、动因，而历史是谓语和结果，不能主观地、唯心思辨地倒因为果，倒果为因，否则具有丰富内容的历史本身将异化为脱离实物世界和现实的人，类似于"绝对精神""自我意识"之类的纯抽象概念，而人的主观能动性将在这种抽

① 马克思恩格斯全集：第 2 卷 ［M］. 北京：人民出版社，1957：44.
② 马克思恩格斯全集：第 2 卷 ［M］. 北京：人民出版社，1957：45.

象的"历史"面前被否定和抹杀，使宿命论占据人的头脑。因此必须明确和承认人类社会本身的历史发展已经证明的确凿不移的事实：创造一切人类文明的、拥有一切人类文明的，并为一切人类文明而不断奋斗的唯一的主体只能是人本身即活生生的、现实的人，是处于实物世界中时刻进行着经验的活动的、受现实的物质利益支配和左右的具体的现实的人。所以"历史"本身什么事情也没有做，"'历史'并不是把人当作达到自己目的的工具来利用的某种特殊的人格，历史不过是追求着自己目的的人的活动而已"①（恩格斯语）。因此，对于力求实现自我解放进而实现全人类普遍解放的无产阶级，必须发挥自身的主观能动性，自觉地将自身的物质力量与共产主义理论相结合，只有这样才能真正担当起实现人的现实自由的历史承担者的重任，因为"思想从来也不能超出旧世界秩序的范围：在任何情况下它都只能超出旧世界秩序的思想范围。思想根本不能实现什么东西。为了实现思想，就要有使用实践力量的人"②。

其次，无产阶级的自我异化所导致的非人的生活境遇迫使他们相信，要使自身成为真正的人是不能仅仅寄希望于单靠纯抽象的意识和思想来摆脱资本主义所带给他们的奴役和压迫的。也就是说，资本主义社会的雇佣劳动、金钱、资本、私有财产等诸如此类的事物不是作为观念中的幻象，而是作为无产阶级自我异化的、非常具体的、实际的客观产物，时刻地逼迫着无产阶级十分确切地感知着意识与实际生活、思维与存在之间的本质差别，进而逼迫着无产阶级意识到必须通过具体的、实际的方式来消灭这些使自身处于非人生活境遇的客观产物，从而使自身乃至整个人类不仅在思维和意识中，而且在客观的存在和实际的生活中真正成其为人。所以，为了消除资本主义私有制和异化劳动，实现真正给予人现实自由的共产主义，无产阶级必须用一切外部的、感性的斗争来打破和解除套在自己身上的现实锁链。也就是说，通过实物的而非意识的方式来实现人的现实自由，所以"要想站起来，仅仅在思想中站起来，而现实的、感性的、用任何观念都不能解脱的那种枷锁依然套在现实的、感性的头上，那是不行的"③。

（四）共产主义所给予人的现实自由的应有内容

早在《1844年经济学哲学手稿》中，马克思就对共产主义与无神论的关

---

① 马克思恩格斯全集：第2卷［M］. 北京：人民出版社，1957：118-119.
② 马克思恩格斯全集：第2卷［M］. 北京：人民出版社，1957：152.
③ 马克思恩格斯全集：第2卷［M］. 北京：人民出版社，1957：105.

系及区别做出了简要的论述："共产主义是径直从无神论开始的（欧文），而无神论最初还根本不是共产主义；那种无神论主要还是一个抽象。——因此，无神论的博爱最初还只是哲学的、抽象的博爱，而共产主义的博爱则径直是现实的和直接追求实效的。"①

在《神圣家族》中，马克思继续了旧唯物主义与共产主义关系的论述。18世纪法国唯物主义包含两个派别：一派是源于笛卡尔的旧唯物主义即机械唯物主义，另一派则是源于洛克的旧唯物主义即人本唯物主义。机械唯物主义关注的是人与自然的关系，承认的是"自然的人"，力求从自然科学的角度来研究人的本质，这使其成了真正的自然科学的重要财产。而且，更为重要的是，尽管这种"自然的人"在后世看来有着忽视甚至抹杀了人的能动性和主体性的缺点，但其在当时的历史条件下蕴含着要求承认和肯定人本身的天然的独立性、尊严和天赋人权的时代精神，因而具有反形而上学的、反宗教的思辨神学的和反封建的政治性质。人本唯物主义则是在继承前者反对形而上学和宗教神学的基础上，力求将人的生活实践归结为一个能够得到理论论证的思想体系，它关注的是人与社会的关系，承认的是"社会的人"，力求从社会科学的角度来探究人的本质，强调了人与社会环境之间相互影响和相互作用的客观关系，例如强调人是社会环境的产物，人的改造和自由的获取取决于社会环境的变革。尽管这种对于"社会的人"的理解不免具有抽象性，但是其从人与社会的关系的角度来研究人的本质的学说直接成了"现实的人道主义学说"②，即共产主义的重要财产和逻辑基础。

因此，马克思通过引证诸如爱尔维修、霍尔巴赫、边沁等近代唯物主义者著作中论述人的本质和自由的经典段落来证明近代唯物主义尤其是18世纪的法国唯物主义与共产主义有着必然联系，而且以总结的形式概括了法国唯物主义关于社会环境所应给予人自由的一般内容的论述，并且认为这种关于社会环境所应给予人的自由的一般内容的论述符合共产主义所要给予人现实自由的应有的普遍规定：

"并不需要多大的聪明就可以看出，关于人性本善和人们智力平等，关于经验、习惯、教育的万能，关于外部环境对人的影响，关于工业的重大意义，关于享乐的合理性等等的唯物主义学说，同共产主义和社会主义之间有着必然

---

① 马克思恩格斯全集：第3卷 [M]. 北京：人民出版社，2002：298.

② 马克思恩格斯全集：第2卷 [M]. 北京：人民出版社，1957：167-168.

的联系。既然人是从感性世界和感性世界中的经验中汲取自己的一切知识、感觉等，那就必须这样安排周围的世界，使人在其中能认识和领会真正合乎人性的东西，使他能认识到自己是人。既然正确理解的利益是整个道德的基础，那就必须使个别人的私人利益符合于全人类的利益。既然从唯物主义意义上来说人是不自由的，就是说，既然人不是由于有逃避某种事物的消极力量，而是由于有表现本身的真正个性的积极力量才得到自由，那就不应当惩罚个别人的犯罪行为，而应当消灭犯罪行为的反社会的根源，并使每个人都有必要的社会活动场所来显露他的重要的生命力。既然人的性格是由环境造成的，那就必须使环境成为合乎人性的环境。既然人天生就是社会的生物，那他就只有在社会中才能发展自己的真正的天性，而对于他的天性的力量的判断，也不应当以单个个人的力量为准绳，而应当以整个社会的力量为准绳。"①

所以，作为人获取现实自由的必由之路的共产主义因消灭了资本主义社会的异化劳动和私有制，而为人创造了能够以合乎人性的方式进行自我生命表现的良好社会环境，实现了人与自然、人与社会、人与人之间的和谐统一，从而使生活于共产主义社会中的人真正地成为人。

四、小结

从本章就《神圣家族》所论述的内容中不难发现，马克思与恩格斯首次合作的这部著作具有重要价值：它既是两个人伟大友谊开端的见证，又是他们确立追求人的现实自由的初步宣言。至此，马克思和恩格斯便共同携手将探寻人在资本主义社会中获取现实自由的现实可能性作为了他们一生矢志不渝的追求目标。从这个意义上讲，《神圣家族》又是马克思主义诞生的发祥地。因此，可以说马克思和恩格斯成就了《神圣家族》在二人思想发展历程乃至马克思主义发展历程中的重要地位；反过来《神圣家族》的诞生也成就了马克思与恩格斯，使他们在当时的历史条件下能够有一个窗口来在总体上清算黑格尔思辨唯心主义哲学以及以鲍威尔为代表的青年黑格尔派的思辨唯心主义自由观的基础上，提出他们"新近共同的观点"即基于人道主义的、关于人的现实自由之路的、具有历史唯物主义性质的自由观。自《神圣家族》之后，马克思为了使自己和恩格斯所初步形成的关于观照人的现实自由之路的思想具有完备的科学性，便开始着手构建和完善历史唯物主义理论体系，研究和分析资

① 马克思恩格斯全集：第2卷［M］．北京：人民出版社，1957：166-167.

本主义的运行机制，以揭露资本主义自身不可克服的基本矛盾来进一步探寻无产阶级解放自身和全人类的现实可能性，最终通过历史唯物主义和剩余价值理论的创立使科学社会主义的诞生成为现实，从而使关于人的现实自由之路的思想具有了科学性。因此，在此有必要以简述的形式对于马克思后期关于人的现实自由之路的探寻给予观照：

首先，马克思通过历史唯物主义基本原理的系统制定确立了关于人的现实自由之路的思想的科学性。至《神圣家族》，马克思和恩格斯已经基本完成了历史唯物主义的发挥，但是随着费尔巴哈的旧唯物主义中的消极因素对于社会主义运动的恶劣影响，马克思意识到有必要清算包括费尔巴哈哲学在内的旧唯物主义，从而最终清理德国古典哲学遗产并确立新唯物主义的基本原则。《关于费尔巴哈的提纲》便是在这样的背景下产生的，尽管马克思之前曾受到费尔巴哈哲学的影响并对其给予过肯定。马克思于 1845 年春写就了共计十一条、近一千五百字的关于新唯物主义内容的提纲，该提纲以"实践"作为贯穿全文的核心思想，在总体上批判旧唯物主义的基础上阐明了历史唯物主义的基本原则，并以"哲学家们只是用不同的方式解释世界，而问题在于改变世界"①的警句强调了人的现实自由借以实现的手段本身必须是实践的。在完成《关于费尔巴哈的提纲》后不久，马克思与恩格斯于 1845 年秋至 1846 年 5 月共同撰写了在他们生前未能发表的一部著作即《德意志意识形态》。通过该书的写就，他们在基本完成历史唯物主义基本原理的系统制定的任务的基础上，确立了人的现实自由之路的科学性。在该著作中，马克思与恩格斯在阐明历史唯物主义的基本内容的基础上，一方面指出了真实共同体即共产主义与虚假共同体即以往的包括资本主义社会在内的阶级社会的差别在于它以个人的全面而自由的发展作为价值目标和实质；另一方面指出了共产主义只有作为一种"世界历史性的存在"才具有现实可能性，"而这是以生产力的普遍发展和与此相联系的世界交往为前提的"②。至此，马克思与恩格斯关于人的现实自由之路的思想具有了坚实的科学性，标志着现实自由观的最终形成，而且在 1848 年他们以公开发表的《共产党宣言》作为他们探寻人的现实自由之路的正式宣言，指出"代替那存在着阶级和阶级对立的资产阶级旧社会的，将是这样一个联

---

① 马克思恩格斯文集：第 1 卷［M］. 北京：人民出版社，2009：502.
② 马克思恩格斯文集：第 1 卷［M］. 北京：人民出版社，2009：539.

合体，在那里，每个人的自由发展是一切人的自由发展的条件"①。

其次，马克思通过对资本主义运行机制的研究进一步验证并增强了关于人的现实自由之路的思想的科学性。对于由自己和恩格斯共同创立的历史唯物主义的重要价值和实际运用，马克思曾在关于自己研究政治经济学的自述中坦言道：历史唯物主义是"我所得到的、并且一经得到就用于指导我的研究工作的总的结果"②。因此，基于作为科学世界观和方法论的历史唯物主义关于社会基本矛盾的基本原理，马克思在《经济学手稿（1857—1858 年）》《资本论》等著作中，通过对于资本主义生产方式以及与之相适应的生产关系和交换关系的分析以及剩余价值理论的创立，揭示了资本主义社会由于其自身不可克服的基本矛盾而必然被以人的"建立在个人全面发展和他们共同的、社会的生产能力成为从属于他们的社会财富这一基础上的自由个性"③ 为实质的共产主义社会代替的历史命运，验证并进一步增强了关于人的现实自由之路的思想的科学性。正是凭借着马克思的两个伟大发现即历史唯物主义和剩余价值理论，社会主义由空想变成了科学，从而为无产阶级解放自身乃至全人类的伟大事业指明了奋斗方向。

马
克
思
现
实
自
由
思
想
的
缘
起
探
究

① 马克思恩格斯文集：第 2 卷 ［M］. 北京：人民出版社，2009：53.
② 马克思恩格斯全集：第 31 卷 ［M］. 北京：人民出版社，1998：412.
③ 马克思恩格斯全集：第 30 卷 ［M］. 北京：人民出版社，1995：107-108.

参考文献

［1］马克思恩格斯文集：第 1 卷 ［M］. 北京：人民出版社，2009.

［2］马克思恩格斯文集：第 2 卷 ［M］. 北京：人民出版社，2009.

［3］马克思恩格斯文集：第 4 卷 ［M］. 北京：人民出版社，2009.

［4］马克思恩格斯文集：第 10 卷 ［M］. 北京：人民出版社，2009.

［5］马克思恩格斯全集：第 2 卷 ［M］. 北京：人民出版社，1957.

［6］马克思恩格斯全集：第 29 卷 ［M］. 北京：人民出版社，1972.

［7］马克思恩格斯全集：第 30 卷 ［M］. 北京：人民出版社，1974.

［8］马克思恩格斯全集：第 31 卷 ［M］. 北京：人民出版社，1972.

［9］马克思恩格斯全集：第 32 卷 ［M］. 北京：人民出版社，1974.

［10］马克思恩格斯全集：第 34 卷 ［M］. 北京：人民出版社，1972.

［11］马克思恩格斯全集：第 40 卷 ［M］. 北京：人民出版社，1982.

［12］马克思恩格斯全集：第 1 卷 ［M］. 北京：人民出版社，1995.

［13］马克思恩格斯全集：第 2 卷 ［M］. 北京：人民出版社，2002.

［14］马克思恩格斯全集：第 11 卷 ［M］. 北京：人民出版社，1995.

［15］马克思恩格斯全集：第 30 卷 ［M］. 北京：人民出版社，1995.

［16］马克思恩格斯全集：第 31 卷 ［M］. 北京：人民出版社，1998.

［17］马克思恩格斯全集：第 44 卷 ［M］. 北京：人民出版社，2001.

［18］马克思恩格斯全集：第 47 卷 ［M］. 北京：人民出版社，2004.

［19］列宁全集：第 26 卷 ［M］. 北京：人民出版社，1988.

［20］戴维·麦克莱伦. 马克思传 ［M］. 王珍，译. 北京：中国人民大学
出版社，2006.

［21］黑格尔. 哲学史讲演录：第 3 卷 ［M］. 贺麟，王太庆，译. 北京：

商务印书馆，1983.

　　[22] 黑格尔. 小逻辑 [M]. 贺麟，译. 北京：商务印书馆，1980.

　　[23] 黑格尔. 法哲学原理 [M]. 范扬，张企泰，译. 北京：商务印书馆，1961.

　　[24] 特里·伊格尔顿. 马克思为什么是对的 [M]. 李杨，等译. 北京：新星出版社，2011.

　　[25] 哈耶克. 致命的自负——社会主义的谬误 [M]. 冯克利，胡晋华，译. 北京：中国社会科学出版社，2000.

　　[26] 弗朗西斯·福山. 历史的终结与最后之人 [M]. 陈高华，译. 桂林：广西师范大学出版社，2014.

　　[27] 温迪·林恩·李. 最伟大的思想家：马克思 [M]. 陈文庆，译. 北京：中华书局，2014.

　　[28] 伯尔基. 马克思主义的起源 [M]. 伍庆，王文扬，译. 上海：华东师范大学出版社，2007.

　　[29] 古尔德. 马克思的社会本体论：马克思社会实在理论中的个性和共同体 [M]. 王虎学，译. 北京：北京师范大学出版社，2009.

　　[30] 海因里希·格姆科夫，等. 马克思传 [M]. 易廷镇，侯焕良，译. 北京：人民出版社，2000.

　　[31] 乔纳森·斯珀珀. 卡尔·马克思：一个 19 世纪的人 [M]. 邓峰，译. 北京：中信出版社，2014.

　　[32] 托克维尔. 论美国的民主 [M]. 董果良，译. 北京：商务印书馆，1989.

　　[33] 恩斯特·卡西尔. 国家的神话 [M]. 范进等译. 北京：华夏出版社，2003.

　　[34] 卢梭. 社会契约论 [M]. 何兆武，译. 北京：商务印书馆，2003.

　　[35] 卢梭. 论人类不平等的起源 [M]. 高修娟，译. 北京：北京凤凰壹力文化发展有限公司，2009.

　　[36] 弗里德利希·冯·哈耶克. 自由秩序原理 [M]. 邓正来，译. 北京：生活·读书·新知三联书店，1997.

　　[37] 路易·阿尔都塞. 保卫马克思 [M]. 顾良，译. 北京：商务印书馆，2010.

[38] 密尔. 论自由 [M]. 许宝骙, 译. 北京: 商务印书馆, 2010.

[39] 拉吉罗. 欧洲自由主义史 [M]. 杨军, 译. 长春: 吉林人民出版社, 2011.

[40] 穆勒. 论自由 [M]. 彭正梅, 析友进, 译. 上海: 上海人民出版社, 2012.

[41] 孙伯鍨, 张一兵. 走进马克思 [M]. 南京: 江苏人民出版社, 2001.

[42] 张剑抒. 马克思自由思想的真蕴及其当代境遇 [M]. 北京: 群言出版社, 2008.

[43] 顾肃. 自由主义基本理念 [M]. 北京: 中央编译出版社, 2005.

[44] 王盛辉. "自由个性"及其历史生成研究——基于马克思恩格斯文本整体解读的新视角 [M]. 北京: 人民出版社, 2011.

[45] 刘斐然. 马克思政治自由思想研究 [M]. 北京: 时事出版社, 2013.

[46] 张成山. 历史与自由: 现代性视野中马克思自由观的哲学反思 [M]. 北京: 清华大学出版社, 2014.

[47] 曹典顺. 自由的尘世根基——马克思《黑格尔法哲学批判》研究 [M]. 北京: 中国社会科学出版社, 2009.

[48] 秦国荣. 市民社会与法的内在逻辑: 马克思的思想及时代意义 [M]. 北京: 社会科学文献出版社, 2006.

[49] 李兵. 生存与解放——马克思关于人类解放的哲学主题 [M]. 北京: 人民出版社, 2007.

[50] 刘伟. 马克思的自由理论 [M]. 北京: 中国社会科学出版社, 2012.

[51] 贾孟喜. 每个人的自由发展何以可能 [M]. 广州: 暨南大学出版社, 2009.

[52] 俞建兴. 自由主义批判与自由理论的重建 [M]. 上海: 学林出版社, 2000.

[53] 王小章. 从"自由或共同体"到"自由的共同体": 马克思的现代性批判与重构 [M]. 北京: 中国人民大学出版社, 2014.

[54] 贺来. 边界意识和人的解放 [M]. 上海: 上海人民出版社, 2007.

[55] 朱成全. 以自由看发展: 马克思自由发展观视阈中的人类发展指数扩展研究 [M]. 北京: 人民出版社, 2011.

[56] 袁贵仁. 马克思的人学思想 [M]. 北京: 北京师范大学出版

社, 1996.

[57] 杨耕. 为马克思辩护: 对马克思哲学的一种新解读 [M]. 北京: 中国人民大学出版社, 2010.

[58] 张一兵. 回到马克思——经济学语境中的哲学话语 [M]. 南京: 江苏人民出版社, 2014.

[59] 李金霞. 马克思自由时间理论 [M]. 北京: 当代世界出版社, 2011.

[60] 丁东宇. 自由的寻求: 马克思和谐社会思想转变的内在逻辑研究 [M]. 哈尔滨: 黑龙江大学出版社, 2012.

[61] 黄树光. 当代学术文丛: 马克思人的解放理论与马克思历史观 [M]. 南昌: 江西人民出版社, 2011.

[62] 陈学明, 黄力之, 吴新文. 中国为什么还需要马克思主义——答关于马克思主义的十大疑问 [M]. 天津: 天津人民出版社, 2013.

[63] 袁贵仁. 马克思主义人学理论研究 [M]. 北京: 北京师范大学出版社, 2012.

[64] 黄杰. 论马克思的自由时间思想 [D]. 长春: 吉林大学, 2014.

[65] 商继政. 马克思自由观研究 [D]. 成都: 电子科技大学, 2012.

[66] 林海燕. 马克思自由观及其当代价值研究 [D]. 厦门: 华侨大学, 2011.

[67] 孙琳琼. 自由理想何以实现——马克思哲学的审美之维 [D]. 天津: 南开大学, 2012.

[68] 常晶. 回应以赛亚·伯林的责难——为马克思自由观辩护 [D]. 济南: 山东大学, 2012.

[69] 陈飞. 在先验与经验之间——康德、黑格尔与马克思的自由观念 [D]. 长春: 吉林大学, 2013.

[70] 孙志智. 马克思自由个性思想研究 [D]. 上海: 上海师范大学, 2011.

[71] 孙凤东. 马克思的自由时间理论与人的全面发展 [D]. 呼和浩特: 内蒙古师范大学, 2010.

[72] 文娱. 马克思的自由观研究——以《1844 年经济学哲学手稿》为例 [D]. 重庆: 西南政法大学, 2012.

[73] 尚伟伟. 马克思自由观的研究 [D]. 大连: 辽宁师范大学, 2010.

马克思现实自由思想的缘起探究

[74] 吴义明. 论马克思自由观的演变及其特点 [D]. 开封：河南大学，2009.

[75] 张培龙. 马克思自由的历史发展和当代意义 [D]. 郑州：郑州大学，2013.

[76] 李晶晶. 费希特与马克思自由观的比较 [D]. 金华：浙江师范大学，2013.

[77] 刘力贺. 论莱布尼茨的自由观——兼论对马克思自由思想的影响 [D]. 长春：吉林大学，2014.

[78] 乔亚俊. 从逃避自由到追寻自由——弗洛姆自由观与马克思自由观之比较分析 [D]. 成都：四川师范大学，2009.

[79] 韩永刚. 论马克思自由观与萨特自由观比较 [D]. 长春：东北师范大学，2008.

[80] 刘泸峰. 存在与自由——马克思与海德格尔自由观比较研究 [D]. 南宁：广西大学，2008.

[81] 吴丽君. 论马克思的政治自由思想 [D]. 上海：华东师范大学，2005.

[82] 谭礼果. 马克思政治自由思想及其对我国政治文明建设的启示 [D]. 成都：四川师范大学，2007.

[83] 马云志. 马克思的政治自由观 [J]. 甘肃社会科学，2002 (5)：62-65.

[84] 李淑梅. 马克思自由平等观的变革 [J]. 教学与研究，2008 (6)：51-57.

[85] 徐俊忠. 马克思《博士论文》自由思想探微 [J]. 中山大学学报（哲学社会科学版），1989 (3)：17-22.

[86] 苗圃. 自我意识自由向现实自由的转变——马克思博士论文自由思想的解读 [J]. 长江论坛，2012 (4)：20-23.

[87] 潘际帆. 从《资本论》看马克思的"自由王国" [J]. 学理论，2011 (31)：50-52.

[88] 杨丽珍. 《德意志意识形态》中的马克思自由观阐释 [J]. 社会主义研究，2009 (1)：24-27.

[89] 林苑嘉. 探析《共产党宣言》中人的自由发展 [J]. 岭南学刊，

2012 (6): 41-44.

　[90] 胡绪明，李雪. 马克思《1844年经济学哲学手稿》自由观探析 [J]. 社会科学战线，2008 (7): 241-243.

　[91] 王峰明. 异化劳动与私有财产——试解《1844年经济学哲学手稿》的一个理论难点 [J]. 马克思主义与现实，2013 (1): 47-54.

　[92] 吴猛. "自我意识"的意义论内蕴：马克思博士论文的哲学视野 [J]. 复旦学报（社会科学版），2010 (2): 50-56.

　[93] 谷越. 论马克思自由观的内涵及其意义 [J]. 齐齐哈尔大学学报（哲学社会科学版），2011 (4): 129-129.

　[94] 周鹏. 论马克思的自由观 [J]. 云南社会主义学院学报，2012 (1): 10-11.

　[95] 葛宇宁. 论马克思自由思想的四重维度 [J]. 广西社会科学，2014 (1): 73-77.

　[96] 杨家友. 自由的人如何实现——席勒与马克思的回答比较 [J]. 武汉理工大学学报（社会科学版），2007 (5): 667-671.

　[97] 胡余清. 马克思与哈耶克自由观之比较 [J]. 广东社会科学，2008 (5): 73-76.

　[98] 彭文刚. 阿伦特与马克思自由观之比较研究 [J]. 重庆三峡学院学报，2011 (5): 11-15.

　[99] 曾宇辉. 马克思的政治自由思想及时代价值 [J]. 中共中央党校学报，2006 (3): 71-75.

　[100] 刘元根. 新世界观确立前"开始"的理路分析及启示 [J]. 江淮论坛，2006 (1): 101-104.

　[101] 聂锦芳. 一段思想因缘的解构——《神圣家族》的文本学解读 [J]. 学术研究，2007 (2): 45-52.

　[102] 郑冬芳. 论《神圣家族》中的唯物史观萌芽 [J]. 西南交通大学学报，2008 (6): 61-64.

　[103] 黄学胜. 《神圣家族》：马克思对"思辨唯心主义"的批判 [J]. 天府新论，2010 (2): 21-25.

　[104] 李萍. 《神圣家族》蕴含的人学思想及其当代价值 [J]. 天中学刊，2010 (8): 17-20.

[105] 韩庆祥，邱耕田，王虎学. 论马克思主义的整体性（上）[J]. 哲学研究，2012（8）：3-9+128.

[106] 韩庆祥、邱耕田、王虎学. 论马克思主义的整体性（下）[J]. 哲学研究，2012（9）：23-27.

[107] 张三元. 论马克思关于自由的三种形态——马克思自由观研究之一 [J]. 学术界，2012（1）：56-68，270-273.

[108] 张三元. 论马克思自由观的三个核心范畴——马克思自由观研究之二 [J]. 中南民族大学学报（人文社会科学版），2013，33（2）：170-175.

[109] 赵常林. 马克思自由观的演变 [J]. 北京大学学报（哲学社会科学版），1984（4）：21-28.

[110] 林海燕. 马克思自由观的基本特质 [J]. 郑州大学学报（哲学社会科学版），2011（2）：5-8.

[111] 张茂泽. 论马克思的自由观 [J]. 西北大学学报（哲学社会科学版），2013（3）：5-12.

[112] 李淑梅. 体系化哲学的突破与政治哲学研究方法的转变——马克思的《黑格尔法哲学批判》再解读 [J]. 哲学研究，2005（9）：20-25.

[113] 许斗斗. 马克思哲学的现实性和彻底性转向——马克思《〈黑格尔法哲学批判〉导言》新探 [J]. 学术研究，2013（4）：15-20.

[114] 赵家祥.《〈黑格尔法哲学批判〉导言》的历史地位 [J]. 北京大学学报（哲学社会科学版），2012，49（4）：5-19.

[115] 周尚君. 马克思自由观的德性回归 [J]. 华东师范大学（哲学社会科学版），2010（3）：40-47.

[116] 许传伟. 青年马克思的自由探索历程 [J]. 中共贵州省委党校学报，2005（2）：25-26.

[117] 刘孝廷，张秀华. 实践哲学视域中的马克思自由理论 [J]. 河北学刊，2010（3）：34-39.

[118] 辛子. 实现人的全面发展是马克思自由观的核心 [J]. 社会科学战线，2003（1）：21-24.

[119] 康渝生，金仲敏. 定在的自由只能在定在之光中发亮——青年马克思自由观刍议 [J]. 理论探讨，2003（2）：33-35.

[120] 段忠桥.《莱茵报》时期使马克思苦恼的"疑问"是什么 [J]. 学

术研究，2008（6）：32-35.

　　[121] 代建鹏. 马克思《莱茵报》时期思想的逻辑结构与理论困境 [J]. 社会科学家，2013（3）：10-13.

　　[122] 王立洲. 马克思《莱茵报》时期思想的基本特征 [J]. 学习与探索，2009（6）：18-20.

　　[123] 刘增明. 论马克思对个人生活与公共生活关系的批判和重构——从《论犹太人问题》的文本解读来看 [J]. 哲学动态，2009（3）：21-26.

　　[124] 聂锦芳. 再论"犹太人问题"——重提马克思早期思想演变中的一桩"公案" [J]. 马克思主义哲学论丛，2013（2）：1-14.

　　[125] 阎孟伟. 完整理解马克思的人的解放理论——马克思《论犹太人问题》的再解读 [J]. 西南大学学报（社会科学版），2014（4）：16-24.

　　[126] 林国荣. 浅议马克思的自由观——读《论犹太人问题》 [J]. 中国特色社会主义研究，2012（2）：98-103.

　　[127] 李波. 从自由观的角度看马克思《经济学手稿（1857—1858）》的重要性 [J]. 湖北社会科学，2009（7）：7-9.

　　[128] 李春生. 马克思自由观的演进 [J]. 燕山大学学报（哲学社会科学版），2009，10（2）：45-48.

　　[129] 王南湜. 马克思的自由观及其当代意义 [J]. 现代哲学，2004（2）：1-9.

　　[130] ERNESTO SCREPANTI. Freedom and social goods: rethinking Marx's Theory of Communism [J]. Rethinking Marxism, 2004（2）: 185-206.

　　[131] ROBERT ZUZOWSKI. Nationalism and Marxism in Eastern Europe [J]. Politikon, 2006（1）: 71-80.

　　[132] EUGENE W HOLLAND. Nonlinear Historical Materialism and Postmodern Marxism [J]. Culture, Theory and Critique, 2006, 47（2）: 181-196.

　　[133] PETER RUTLAND. What Was Communism? [J]. Russian History, 2010, 37（4）: 427-447.

　　[134] GEORGE C COMNINEL. Critical Thinking and Class Analysis: Historical Materialism and Social Theory [J]. Socialism and Democracy, 2013, 27（1）: 19-56.

后 记

看着即将付梓的书稿，我心中倍感喜悦，喜悦于为想要了解马克思的人提供了一个走近马克思的"窗口"，喜悦于为马克思主义的进一步传播贡献了一份力量，喜悦于个人对马克思思想的理解和感悟终于要凝结成一个个印刷的铅字。这本书记述了作者在反复的文本阅读过程中所产生的问题、困惑以及理解之后的欣喜，在攀登这座思想高峰时所经历的一次次挑战和胜利，直到基本厘清马克思早期思想历程的整个过程。马克思早期的思想历程向我们展示了，他所阐述和追求的自由既不同于青年黑格尔派所推崇的虚幻的"自我意识自由"，又区别于资本主义社会所宣扬的虚幻的"人权自由"，而是真正地克服了资本主义社会的异化劳动和私有制，真正地实现了人与自然、人与社会、人与自身有机统一的现实自由，即"人的解放"。所以，从发表《神圣家族》起，马克思便正式把"人的解放"作为一生的奋斗目标，该目的贯穿于他的所有书信、评论文章、著作中，成为他所提出的具体概念、基本理论和思想体系的红线。我们也看到，马克思与恩格斯所共同创立的这一以"人的解放"为核心内容的马克思主义已经深刻地影响并改变着整个世界，而这种影响和改变将持久地发挥作用，我对此坚信不疑。就像拉美诗歌巨人、革命者卡德纳尔讲述的那样："新闻界得意洋洋地在全世界宣布社会主义的失败，但是他们不提资本主义的更大的失败。资本主义只在10%或20%的人口中取得了成功。对于第三世界，对于占人口绝大多数的穷人来说，资本主义是灾难性的，而资本主义的失败先于社会主义的失败。我们可以作如下区分：失败的是虚假的社会主义；相反，失败的资本主义是真实的资本主义。社会主义失败是因为没有实现社会主义。资本主义的失败却是因为实现了资本主义。"①

在喜悦之余，也有一些遗憾。老实说，文本解读水平的高低，很大程度上取决于解读者的思想水平。由于本人水平有限，对马克思青年时期著作的解读难免会有不到位的地方，而书稿一旦付梓成书便自然成为历史，所以心中常会有"不足"之遗憾。故此，我希望本书能起到"抛砖引玉"的作用，引起读者阅读马克思原著的兴趣，在原滋原味中感受思想的力量、真理的力量，并请读者批评、指正。在此，也向对本书的写作和出版提供帮助的所有人表示诚挚的感谢。

朱 凯

2019 年 10 月 29 日

马
克
思
现
实
自
由
思
想
的
缘
起
探
究

---

① 朱立新，魏凤河. 我们靠什么解决"挨骂"问题 [EB/OL]. [2016-09-26]. http://www.xin-huanet.com/politics/2016-09/26/c_129299344.htm.